AMAZING
RAINFOREST
OF BORNEO

婆罗洲
雨林野疯狂

黄一峰◎著

AMAZING RAINFOREST
OF BORNEO

北京联合出版公司
Beijing United Publishing Co.,Ltd.

雨林野疯狂

AMAZING RAINFOREST OF BORNEO

Chapter 1　魔法雨林
MAGIC IN THE RAINFOREST　14

我很高兴
能再次为他写序

一峰的书再版了，这是一件十分令人高兴的事。《自然野趣 D.I.Y.》第一次在大陆出版的时候，我就为他这本书写序，现在"自然野趣"系列再版，我很高兴能再次为他写序。

我很有幸能够在真正的自然中长大。我的童年离自然很近，森林、溪流、群鸟和繁星都使我的童年生活充满了"自然野趣"。但很遗憾，现在的孩子们并没有这样的幸运。

在过去的几十年中，全球的自然环境发生了极大的变化，森林被砍伐，湿地遭到破坏，野生动物的生存受到严重的威胁。同时，急速的城市化发展使得城镇周边的林地、水域急剧减少，农田几乎荡然无存。在"钢筋混凝土森林"中成长起来的孩子，对自然的认识几乎为"零"。即使是在乡村，孩子们对自然的兴趣也在逐渐降低。手机、电脑以及电子游戏越来越多地占据了孩子们的生活，使孩子与自然的距离越来越远。传统的中国文化历来追求人与自然和谐共生，但在过去的几十年中，这种联结出现了断层。此刻，唤醒民众对自然的感情、重新建立中国人的"自然观"显得尤为重要。

可喜的是，近年来这种情况开始发生了一些变化。尤其是在一些大城市，很多的家长们逐渐意识到自然对孩子成长的重要性，开始有意识地引导孩子去接触自然、了解自然，自然观察、自然教育机构也在蓬勃发展。但如何在自然环境已经遭到了一定程度破坏的情况下，让大众去更好地认识自然呢？一峰"自然野趣"系列图书就是很好的工具。在书中，他告诉我们，即便是在城市的"钢筋混凝土森林"，在我们的身边依旧还有着不少令人欣喜的美好自然：一块石头，一片枯叶，都可以成为自然观察的重要部分，甚至还可以成为自然创作的源泉。同时，他满怀对自然的热爱，以轻松而又有趣的方式将自然故事分享给大众，而不是让人望而却步的严肃死板的"背书考试"。这让我们能够从身边不起眼而细微的自然中开始认识自然之美，在不知不觉中建立起与自然的连接，对自然产生感情。每一个连接的建立，都在修复曾经的断层。这正是重塑中国人"自然观"的过程，也是自然保护的希望和未来。

希望大家能喜欢一峰的"自然野趣"系列图书，并由此得到启发，去认识我们所身处的这个世界，进而了解自然的美丽与脆弱，唤起我们每一个人的爱和行动。

著名野生动物摄影师
"野性中国"创始人

推荐序
PREFACE

一窥神秘的雨林宝库

热带雨林被认为是地球的肺，是地球的基因库，它对地球的重要性毋庸置疑，但近几十年来，它却被人类快速地摧毁，已经到了难以恢复的程度。今天，人类继续以每分钟两个足球场面积的速度砍伐雨林，而我们正是帮凶之一，想不到吧？我们用的纸张、合板等无数产品，大多是热带雨林的树木做成的，或许可以说："我不杀伯仁，伯仁因我而死！"

一峰十多年来多次进出婆罗洲的热带雨林，拍摄下大批雨林中珍贵的镜头，现在配上他用心经营的文字，写出这本老少咸宜的书，非常适合想认识、接触热带雨林的读者阅读。

热带雨林的故事听似传奇魔幻，却又千真万确，更引人入胜。读后不但会令人赞叹热带雨林的神奇，也会惊艳自然的奥妙，更会激起你想一窥热带雨林的渴望，这是一本可以阅读也可以欣赏的好书。

荒野保护协会创会理事长．自然生态摄影家

徐仁修

影响一生的旅行

　　2000 年 1 月，我离开湿冷的台北，踏上前往婆罗洲热带雨林的旅程。在那网络还不甚发达的年代，我在出发前留给家人的纸条上写着："我到婆罗洲热带雨林做生态记录。这是一个北临中国南海的大岛，此行的目的地是马来西亚的属地，能查到的资料很少，没有更详细的信息，只有当地向导的电话……"

　　这是我第一次离开台湾地区，也是最不知所措的一次，因为当时网络并不发达，手头能找到的唯一资料就只有《时代生活》（Time Life）出版的《婆罗洲》一书。那一年，我刚从技术学院毕业，也是我在台湾的荒野保护协会担任志愿者的第二年，当时保护生物多样性的议题正火热，荒野协会理事长徐仁修老师号召一群伙伴前往有"世界基因宝库"之称的婆罗洲热带雨林考察，当时很幸运，初出茅庐的我也一同前往。

　　到现在我仍然依稀记得，到达第一个国家公园时映入眼帘的景象：两只胡须野猪在草地上觅食，一大群长尾猕猴在一旁的树上活动着，不远处的森林，还传来许多鸟类与昆虫的叫声……在那一瞬间，我已经爱上了这片土地！这趟旅行不但让我见识到热带雨林丰富又奇特的生物群落，也让我看到了热带雨林遭受到的破坏和危机。这趟旅程除了让我见识到雨林的奇幻世界之外，也体会到了保护雨林的重要性。深受感动的一行人便鼓励华裔导游郑杨耀先生，发起成立沙捞越荒野保护协会（Sarawak SOW），而沙捞越荒野保护协会的成立更让我与这片土地结下了不解之缘。

　　这次的雨林之旅让我领悟到，只要有心，每个人都能用自己的专长为自己生活的土地做一点儿事。这让我开启了人生的另一个方向，决定投入全职的自然设计工作，只接跟自然生态相关的设计案，并用最佳的方式，将自然的美深植在更多人心中。之后几年间，我利用工作之余担任志愿者，与沙捞越荒野合作，带领台湾荒野保护协会的朋友前往雨林，一起领略雨林的美丽与危机，并通过活动，将自己在雨林的见闻与知识与更多人分享。曾经有朋友问我："热带雨林真那么好玩儿？我一个月逛一次街都嫌烦，你一个月竟然跑两趟雨林！"

的确，这片热带雨林每次都带给我不同的体验和惊喜，让我深深着迷。

对于热带雨林，我们了解得实在太少，虽然现在网络已经无比发达，随便上网搜寻都能看到非常多的雨林资料，但许多资料甚至书籍都无法让人真正一窥雨林的真实面貌。为了让更多人认识我们常"听说"的热带雨林，我整理出这十几年的记录与丛林经验和读者分享，希望这本以自然观察者角度出发的书籍，能让更多的朋友们了解这片与我们息息相关的热带雨林！

这本书能够出版问世，首先要感谢徐仁修老师引领我进入这片雨林，并给我机会让我有能力与更多的人分享雨林之美，也要谢谢大树文化张蕙芬总编辑的包容，因为身为公司的美术设计，却常常要求休假，而休假的理由都是"我想念雨林！"很多朋友笑我傻，丢下工作，牺牲假期去带活动、拍雨林，这样值得吗？其实每一次前往婆罗洲，对我而言都是休假，也是难得的与野猪、红毛猩猩、长鼻猴等老朋友相见的机会。我用仅有

的时间，带着更多朋友用生态旅行的方式，爱护自然、关心雨林，一边着手记录这片雨林的美丽与哀愁，并和更多人分享雨林的重要。这仅仅是尽我一己之力保护雨林的一个开端，我期待有一天，能因为我的努力，让更多人了解雨林、喜爱雨林，进而将这岌岌可危的热带雨林保留下来。

这是影响我一生的旅行，也是让我找到人生方向的旅行，热带雨林带给我身心的愉悦，也带给我更多人生的启发。虽然每次到婆罗洲都要忍受潮湿闷热的气候，每天衣服湿了又干、干了又湿，还要忍受各种蚊虫的叮咬以及蚂蟥的吸血！但问我还会不会继续前往雨林，我会说："一定会，而且至死不渝！"虽然我只是个生态摄影师，但我期待用自己的专长，将雨林的美传递出去，让大家知道还有这么一个看似遥远却非常重要的地方，用一张张的摄影作品为雨林请命，希望能唤起大家关注这片土地的热情，以保留这个基因宝库，这是我们能够留给后代的最珍贵的遗产！

yi feng 黄一峰

婆罗洲热带雨林——
让我为之疯狂的神奇之地

婆罗洲，这是一个让我为之疯狂的地方。婆罗洲是世界第三大岛，分别隶属于马来西亚、文莱与印度尼西亚三个国家。

位于赤道上的这片土地，没有四季，只有旱季和雨季之分，终年高温。虽然气候炎热，但雨水丰富，年降雨量可达4 000毫米左右，平均湿度高达75%。每年4~10月是旱季，11月到来年3月是雨季。在我们眼中看起来极不"友善"的气候，却造就了这方土地的神奇，这里是地球上生物最丰富的地方之一。婆罗洲热带雨林造就了丰富的生态系统，是地球上重要的基因宝库。据科学家推算，婆罗洲雨林目前被发现的物种大约不到这个大岛总物种的1/3，还有2/3以上的物种，尚待人们去发掘与研究。

这片距离我们只有三四个小时飞行距离的土地，面积约是中国台湾的21倍，它的浩瀚与辽阔仅仅次于我们所熟悉的亚马孙雨林。

也许有些人会问，热带雨林离我们很远很远，到底为什么要保护它？其实它是关系到我们每天的呼吸与生活的。雨林被称为"地球之肺"，这里制造出来的氧气与我们的生存息息相关！不但如此，雨林出产的木材、纸浆甚至连后来砍伐雨林所种植的油棕，都深深影响着我们的生活。

台湾岛
海南岛
WALLACE'S LINE
加里曼丹岛
巴厘岛
龙目岛

N
W
E
S

BRUNEI 文莱
马来西亚
MALAYSIA

INDONESIA
印度尼西亚

PULAU KALIMANTAN
BORNEO
婆罗洲
加里曼丹岛

婆罗洲分属三个国家：
　马来西亚、文莱以及印度尼西亚

（配图为 杨维晟 摄）

1854~1862 年，英国自然学者华莱士（Alfred Russel Wallace）用了 8 年的时间游历马来群岛的无数岛屿，共采集了 12 万余件的生物标本。这些亲身经历以及生物标本，让他研究出"物竞天择"的理论，更让他提出一套关于当地动物分布的"动物地理学"观念，他注意到婆罗洲（Borneo）与苏拉威西岛（Sulawesi）、巴厘岛（Bali）和龙目岛（Lombolk）之间，似乎有着一条隐形的界线，将两边的生物物种分开。华莱士通过观察发现，巴厘岛的鸟类与爪哇岛的几乎相同，但在距巴厘岛仅约 30 千米的龙目岛，却只有 50% 的鸟类与巴厘岛的相同。

他将这条界线东边称为"印度马来区"，西边称为"澳洲马来区"，科学界为了纪念他的发现，就将划分这两个区的界线称为"华莱士线"。这两大生物区都蕴含了生物演化史相当重要的生物，线的东边是有袋动物生活的区域，线的西边则以犀鸟、猿猴、肉食动物为主，婆罗洲正好处于分界地带，这个岛屿对地球的特殊性与重要性便可想而知。从 2000 年第一次踏上婆罗洲开始，我就被这片丰饶的土地深深吸引，从那一刻起，我开始持续用相机记录这片神奇土地上各种各样的特殊生物。

当我开始深入了解这片土地，我发现这是一个 24 时都充满惊喜的地方！白天的雨林有着飞鸟、猿猴、攀蜥等生物在林间穿梭觅食；到夜幕低垂时，又换上另一批生物上场：夜行性的飞鼯猴、懒猴、昆虫、蛙类……加上犹如音乐派对的小鼓声、沙铃声、胡琴声等各式各样的声响，让人感觉这里简直就是一个不夜城！记得第一次跟我到婆罗洲的尊贤大哥曾开玩笑说："在雨林里，处处是惊奇，随时都在按快门。"这十几天内所拍的照片数量，跟他这辈子拍过的照片数量差不多！不但拍到手软，更夸张的是，他的闪光灯还闪到烧坏！单从这一点就可以知道这片雨林有多大魅力了！

热带雨林的生物多样性让人惊奇，只要你愿意放空自己，拿出观察力和好奇心，这里就像一个自然剧场，一场场生命之戏就在你眼前上演。在这里，每天都在鸟鸣中醒来，在蛙鸣中睡去，这种富有野趣的生活，是我这种每天身处都市丛林的人最奢侈的享受了！

与我一起进入婆罗洲的热带雨林吧！看看我镜头下的雨林到底有多么令人神往，也希望能够通过我的记录，让您一窥雨林鲜为人知的瑰丽面貌。

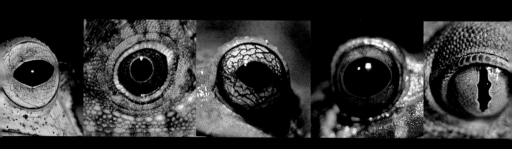

在 1855 年初的雨季，华莱士就住在沙捞越
（Sarawak）的山都望（Santubong）山上的小
屋里，整理撰写自己在热带旅程中所调查的物种
分布形态。

浩瀚的婆罗洲热带雨林，不知还有多少神秘的生物深藏在其中，等着我们去探索！

魔法雨林

IN THE RAINFOREST

走在森林里，树枝莫名其妙地飞了起来，树叶正在树干上爬行，

树梢的苔藓竟然会换位置，地上的枯叶也跳动着……

Magic in the Rainforest

雨林隐身术

Insects
Hide & Seek

　　走在婆罗洲热带雨林里，树枝莫名其妙地飞了起来，树上的树叶正在树干上爬行，树梢的苔藓竟然会换位置，地上的枯叶也跳动着……看到这里，你一定以为我精神错乱！但事实并不是如此，因为我正身处婆罗洲的"魔法雨林"之中！

　　婆罗洲，正如它那充满异域风情的名字一样，是一座神话般的岛屿，以其丰富的生物多样性征服了众多科学考察者和探险者。而除了在雨林间穿梭而过的红毛猩猩和长鼻猴等灵长类动物之外，绵延的热带雨林还隐藏着无穷的秘密。你的眼睛很可能会被蒙蔽，为了生存，雨林里的生物生来便身怀绝技，它们每天都在这片土地上上演精彩的"生存大戏"。

　　这里的昆虫伪装术的巧妙，只能用出神入化来形容，就像古人说的"只能意会不能言传！"若非亲眼所见，你绝对不会相信昆虫能把自己伪装成另外一个模样。在这片雨林的孕育之下，昆虫不但种类繁多而且相当特殊，只一棵低海拔的龙脑香树就能为超过 1 000 种以上的昆虫提供栖息地。由于掠食者众多，生存竞争激烈，昆虫也开始演化出各式各样的求生技能，其中，伪装术是它们最常使用的伎俩。

伪装成枯叶的枯叶螽（*Chorotypus* sp.）。在我靠近它的那一刹那，这一片"枯叶"直接倒在落叶堆里，一动也不动，以欺骗我的视线。

若虫

我们比较熟悉的伪装昆虫——竹节虫，能伪装成树枝、竹枝，就已经够让人们赞叹不已了。然而在婆罗洲的热带雨林里，竹节虫的伪装发展出更多异常特殊的样貌，光我亲眼所见，就发现它们能伪装成苔藓、地衣、枯枝、烂树叶，甚至是长满尖刺的藤枝。

树叶虫在婆罗洲是赫赫有名的隐身高手，它模拟的是绿色树叶，有着水滴形身体、四肢扁平的它，连身体的不规则外缘都和树叶一模一样。更有意思的是，就连在移动时，它都本能地摇摇晃晃，模拟树叶被风吹动的样子，真可以给它颁发生物界的最佳演员奖了。有的树叶虫则是全家老小齐上阵，成虫伪装成正常树叶，若虫则伪装成植物的嫩叶，连体型大小和颜色都考虑得无比周全。

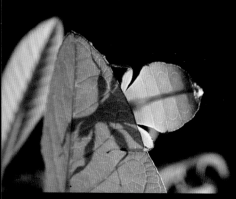

在雨林里遇见伪装成树叶的树叶虫，真的会使人产生错觉！它身上不但有叶脉的纹路，连走路都模仿树叶被风吹动的样子，真是惟妙惟肖。我见过一种树叶虫的若虫（仅1厘米），是鲜红色的，有可能是为了模仿植物嫩叶或是要隐身在红褐色的落叶里。

当然，掠食者也不落人后。这里的蠹斯、蝗虫也是模仿树叶的高手，光我亲眼所见，就有超过 10 种以上的蠹斯模仿各种形态的叶子，不论是枯叶、嫩叶、黄叶或是破叶子都有。更令人称奇的是，这些叶子上面或多或少都有一些模拟的破洞（不是真的破洞，有色差或呈白色），破洞边缘还会细心地模拟出被生物啃食过的黑褐色痕迹。

一只蠹斯就曾在我的眼前上演了"大变树叶"的一幕——当它感觉到危险后，立刻把身体变扁，并摊平翅膀，好似一片绿叶挂在树上完全不动。我因为拍照时胳膊肘不小心碰了它一下，它马上像一片叶子般飘落到树下的枯叶堆里，在落地的一刹那，它的身体迅速蜷缩成长条状，宛如一片卷曲的干落叶，马上完美地隐身在落叶堆之中，如此迅速的应变能力，真是让人啧啧称奇！

我常用"捉迷藏"这种孩子间的游戏来形容生物的伪装，但大自然的生存竞争不是儿戏，它们的"捉迷藏"是要赌上性命的。伪装能让生物骗过强敌，却也能让一些守株待兔的隐形掠食者机会大增，捕食与被捕食，"道高一尺，魔高一丈"的隐形进化斗争每天都在轮番上演着。想要在这片神秘的魔法雨林生活，各个生物都必须身怀绝技，因此也造就了众多出神入化的隐形高手。

如果你有机会看到会动的绿叶、会飞的树枝、会走的青苔，不要怀疑，请相信你的眼睛，这是老天爷正在向你施展神秘雨林的古老魔法！

……发现这只绿螽斯了吗?(图1、2)。螳虫也是模仿高手,可以模仿枯叶(图3),也可以模仿被啃过的叶子(图4)

⑤ ⑥ ⑦

⑧ ⑨

仿模仿的叶片还不忘破洞和斑点（图5、6、7）。 除了绿叶，也有模仿黄叶的螽斯（图8）。 甚蔗螽斯也是伪装高手（图9）

原本停栖在树叶上的绿叶螽斯，在感受到危险的时候，会将自己的身子压扁贴在树叶上。

我称这种螽斯为"胡琴螽斯"，因为它会发出像拉胡琴的鸣叫声。若不是它在鸣叫时被我发现，等到它压低身子，让自己变成一片叶子时，我可发现不了它。

这种叶螽斯（*Ancylecha fenestrata*），躲在跟自己身上斑纹相似的叶子上，不仔细看，真的会忽略它的存在。

只有 1 厘米长的苔藓竹节虫躲藏在苔藓里，很难被发现。

这只竹节虫一遇到危险就立刻倒下，伪装成断掉的树枝。

这只竹节虫吊在树枝上伪装成落叶，来欺骗天敌的眼睛。

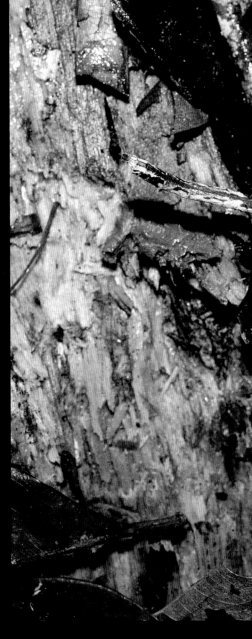

这种竹节虫（*Hermagoras hosei*）除了拥有树枝状的体态，身上还有黑白斑纹，像极了落叶堆里被菌类覆盖的枯枝。

Chapter 1 Magic in the Rainforest

幻影杀手
Phantom Killer Mantis

在婆罗洲的热带雨林里，昆虫的掠食者——螳螂，易容术也毫不逊色，如果你曾经见过兰花螳，你绝对会对这种昆虫猎手啧啧称奇。

兰花螳除了体色与花朵颜色相近外，胸部、腹部都演化成了花瓣的形态，就连胸足与腹足都好似经过缜密设计一样贴上了一片花瓣，这副装扮可以让它们安然地躲藏在花丛中，守株待兔地窥视前来采蜜的昆虫，并在虫子靠近的那一刻，伸出它的镰刀手，猎物马上手到擒来。

兰花螳的初龄幼虫的长相和成虫完全不一样，红黑蓝相间的紧身皮衣，让它看起来十分时尚！为什么会有这样的装扮？我的推测是，可能因为兰花螳从螵蛸孵化出来时，会先在森林底层活动，这一身红黑装扮是它们在红褐色落叶里活动的特殊伪装。

在第二次蜕皮之后，它们的身体开始慢慢"长"出花瓣的造型，这样，只要一站到花梗或树枝前端上，它们马上就变成了一朵花！这真可堪称是大自然的完美杰作。

兰花螳（*Hymenoups coronatus*）的成虫腹足前端膨
大成花瓣状，再加上白里透红的体色，让它一站上枝头，
就像一朵绽放的花朵，吸引不知情的昆虫前来访花。

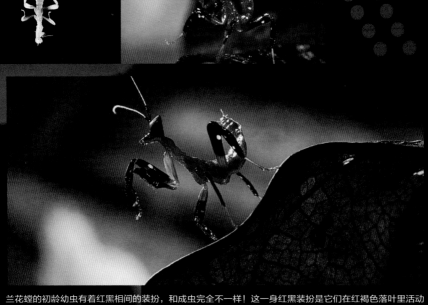

兰花螳的初龄幼虫有着红黑相间的装扮，和成虫完全不一样！这一身红黑装扮是它们在红褐色落叶里活动的特殊伪装；而它们身上的花瓣是在蜕了第二次皮之后，才慢慢"长"出来的。

站在花朵上等待猎物的兰花螳若虫，若不仔细观察，可能无法发现它。

除了传奇的拟花螳螂以外，我还见过模拟叶子的螳螂，它们的前胸背板特化成盾状，前翅还有着如树叶叶脉般的纹路，模拟的叶子形态分成两种，一种是枯叶的，另一种是新鲜的绿叶。模拟成枯叶的眼镜蛇枯叶螳（*Deroplatys truncata*）大约 10 厘米长，身体呈褐色，它们躲藏在森林底层的落叶堆里，如果不移动，根本无法发现它们的踪迹。模拟成绿叶的茎菱背螳（*Rhombodera basalis*）则全身都是绿色，前胸背板较椭圆，与新鲜树叶相似，前翅也有着深绿色的叶脉刻痕，专门躲在树丛叶堆里将自己伪装成一片嫩叶，等着不知情的猎物送上门。昆虫若遇上这种掠食者，可能连自己是怎么被吃掉的都搞不清楚吧！伪装成花与树叶的螳螂已经够特别了，还有运用保护色将自己变成树皮的树皮螳螂，这种螳螂身体较扁平，能够与树皮紧贴，体色由黑、绿、白三种颜色的斑点与条纹交杂而成。

有一次，我在树上发现这种螳螂，要我的同行伙伴来拍它，我的好友助伯拿着微距镜头赶来，大概过了快 10 分钟，等到大家都拍完离开了，助伯才轻声问我："树皮螳螂在哪儿？我只看到树皮！"而那时，螳螂正在他眼前，距离还不到 5 厘米远，可见树皮螳螂的伪装术有多高超！

眼镜蛇枯叶螳的前胸背板特别宽大，上翅有着叶脉般的花纹，跟地上的枯叶几乎一模一样。

茎菱背螳也有着膨大的前胸背板，从正面看好似舞台剧演员，这身装扮如果躲藏在树叶堆里，一定让你分不清是树叶还是螳螂！

者的神奇感叹不已!

在这片仿佛有着魔法的森林里,不知还藏着多少我们未知的生物,也许用尽一生的追寻,都无法窥探它神秘的样貌!继续探索与追寻雨林的神奇生物,成为我探索生命的事业!

树皮螳螂(*Theopompa borneana*)身体较扁平,能够与树皮紧贴,体色由黑绿白三色斑点与条纹交杂而成。

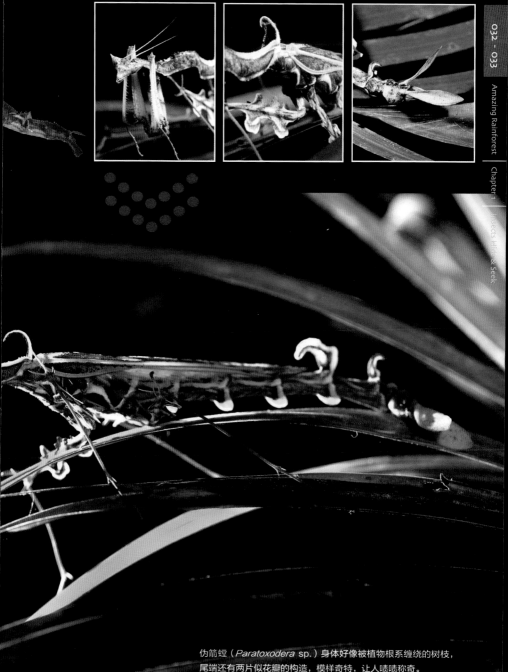

伪箭螳（*Paratoxodera* sp.）身体好像被植物根系缠绕的树枝，
尾端还有两片似花瓣的构造，模样奇特，让人啧啧称奇。

体型巨大的马面螽斯（*Lesina blanchardi*），身上犹如穿着棘刺盔甲，造型奇特。

怪虫一族

Amazing
Insects

在婆罗洲雨林里，昆虫为了生存，用尽了各种方法：伪装、拟态、躲藏等，各有各的求生之道。在这个充满生命奇迹的丛林里，还生活着许许多多奇怪的虫子，其中造型奇特的东方蜡蝉就让我印象深刻。我见过绿色、白色以及深绿色的东方蜡蝉，它们样貌不同，但都有一个相同的特征——超长的头部。有些种类头顶末端呈球状，阳光一照射，就好像头上带了个亮灯，所以有了"提灯虫"的俗名。

有一次吃晚饭时，与怪虫的相遇也让我印象深刻。有一只灰蓝色的虫子被灯光吸引，刚好停在餐桌旁的树上，那只虫子有 12 厘米左右，其貌不扬，没太引起我的兴趣。当我吃完饭正准备离开时，身体不小心碰到了它停栖的叶子，灰蓝色虫子吓了一跳，之后竟然在头部与胸部相接之处，鼓起了一个像安全气囊一样的黄色突起物，当我一头雾水，还没搞清那黄色东西有何作用时，它就已经飞离了我的视线！之后我依照当时拍下的几张照片到处搜寻，只查出了那只怪虫是拟叶螽科（Pseudophyllidae）的一员，除此之外，再找不到别的记录了！雨林之大，怪虫无奇不有，就连一只其貌不扬的虫子都可能让你极度惊艳！

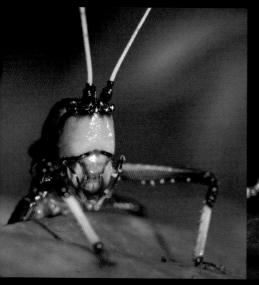

这只螽斯有张蓝色的脸，真是够奇怪的。

雨林里的螽斯从哪个角度看都会有有趣的发现。

马面螽斯有张特殊的脸，它的翅膀有着叶脉的斑纹，可以伪装成落叶。

灰蓝色的螽斯感受到危险时，在头部与胸部之间，出现了一个黄色的气囊，来吓唬掠食者。

这种东方蜡蝉（*Pyrops cultellatus cultellatus*）与巨人弓背蚁（*Camponotus gigas*）有着共生关系，弓背蚁负责守卫蜡蝉的安全，而蜡蝉会分泌体液让弓背蚁分食。

这只东方蜡蝉头部红色，身体白色，造型相当奇特。

这两只停栖在大树上的东方蜡蝉
（*Pyrops intricatus*）头顶末端呈
球状，阳光一照射，好像头上带了
个亮灯，"提灯虫"的俗名十分贴切。

▲▼ 葛式多刺竹节虫（*Haaniella grayii*）

▲ *Epidares nolimetangere*

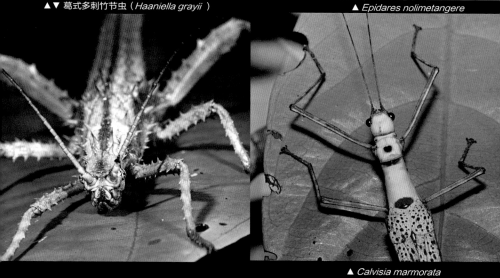

▲ *Calvisia marmorata*

▲ *Epidares nolimetangere*

▲ *Orthomeria superba*

▲ 某种玛异䗛（*Marmessoidea quadriguttata*）

▲ 某种多刺竹节虫（*Haaniella* sp.）

▲ 某种玛异䗛（*Marmessoidea vinosa*）

说到婆罗洲雨林里的怪虫，当然不能漏掉这个"明星"——竹节虫，它是个伪装高手，看看它那多样的造型和艳丽的体色，称它为变装高手也不为过。

Chapter 1 Magic in the Rainforest

丛林魅影

Butterflies
& Moths

　　婆罗洲热带雨林中的蝶类和蛾类相当有名，其种类多到让人数也数不清。在这神秘的雨林里，属凤蝶科的红颈鸟翼凤蝶（*Trogonoptera brookiana*）让我印象最深刻。英国博物学家华莱士在《马来群岛自然考察记》一书中这样描述红领巾鸟翼蝶："这只美丽的生物有着修长的尖翅，形状酷似天蛾；它身上呈黑绒色，有一道由灿烂的金绿色斑点组成的曲带横穿翅膀，每一个绿斑就像一小片三角羽，活像墨西哥咬鹃的翅羽排列在黑丝绒布上；蝶身唯一的其他颜色是一条鲜红的宽颈带，以及后翅外缘上的一些细白斑……"这只展翅宽达 18 厘米的美丽蝴蝶，飞过幽暗雨林时，轻拍着带有荧光绿斑纹的翅膀，在森林底层穿梭，好似一个发着绿光的精灵，让我目不转睛。它是世界上最大的鳞翅目昆虫之一，栖息在低地和低海拔山林区，喜欢有溪流的环境。雄蝶的外形比雌蝶更引人注目，鲜红色的头部搭配着深黑色的翅膀，光彩夺目的黄绿色三角斑纹点缀在身体的边缘，这样特殊的纹路与大胆的配色加上硕大的体形，更增添了它的神秘色彩。

红颈鸟翼凤蝶翅膀上的三角斑纹，在不同的角度看会呈现不同的颜色，有时看起来是黄绿色，有时看起来是蓝绿色，色彩不同却同样耀眼，这是美丽的鸟翼蝶身上所具备的特殊结构色。

在雨林里与红颈鸟翼凤蝶相遇的那一刻，让我十分惊叹。体型硕大的它，轻拍着荧光绿斑纹的翅膀，穿梭在幽暗的森林中，真是一幅让人难忘的雨林风景。

▼ 裳凤蝶

除了世界知名的红领巾鸟翼蝶，婆罗洲雨林里让人眼睛为之一亮的蝶类，还有裳凤蝶（*Troides helena*）及鸟翼裳凤蝶（*Troides amphrysus*）。这两种裳凤蝶的外观与台湾的金裳凤蝶非常相似，它们对比极强的深黑色前翅和亮黄色后翅都让我惊艳。如果够幸运，你还能看见它们在雨林树冠层间飘荡，缓慢且悠闲地振翅飞行，它们在微风中的轻盈姿态绝对能让你印象深刻。

白天的雨林有闪亮的蝶影，夜里则有特别的飞蛾。只要有一盏灯，各式各样的蛾类就会来这里报到，有色彩鲜艳的、有伪装成叶子的、有造型特殊的……各有各的奇妙，各有各的特色。曾有个爱拍照的朋友跟我到婆罗洲，第二天睡眼惺忪，我问他原因，他告诉我，一个晚上都在厕所里没睡觉，我以为他腹泻，结果他说："厕所的日光灯引来了太多飞蛾，而且一只比一只漂亮，拍着拍着，天就亮了！"

看到这里，也许很多人想问我，婆罗洲到底有多少蝴蝶与蛾类？但就如同当地一本书中所写的："别想知道婆罗洲有几种蝴蝶与蛾类了，只有笨蛋才会去猜想这些，因为目前发现的种类还一直在不断地增加！"我们不是科学家，不要一直拘泥于多少种的问题，生物多样性丰富的婆罗洲一定还有更多未知的物种等着我们去探索呢！

▲ 鸟翼裳凤蝶

身着黑色与黄色"大衣"的裳凤蝶色彩对比强烈，只要它一出现，绝对是众人注目的焦点。

▼ 某种燕蛾（*Lyssa menoetius*）

▼ 盈豹尺蛾（*Dysphania subrepleta*）

▼ 某种蓝尺蛾（*Milionia fulgida*）

▼ 某种夜蛾（*Artena inversa*）

▼ 某种拟灯蛾（*Aethalida borneana*）

▼ 某种苔蛾（*Lymantria brnneiplaga*）

▲ 某种舟蛾（*Platyia umbrina*）

等到夜幕低垂时，各式各样的蛾类纷纷出现，大燕蛾穿着"燕尾服"上场，其他蛾类也各自带着奇特的装扮翩翩起舞。这婆罗洲热带雨林的夜宴，也是每日上演的蛾类"化装舞会"。

▲ 镶落叶夜蛾（*Eudocima homaena*）

Chapter 1 **Magic in the Rainforest**

人脸的印记

Man-Faced Insects

　　"啊，快来看啊！叶子上的虫子怎么有一张脸？"友人的小孩阿泰从森林的步道跑出来喊着。多年在婆罗洲记录雨林生态的我，看过的特殊生物不计其数，但长着人脸的椿象，可从来没有见过！循着阿泰指的位置看过去，叶子上果真有一只黄色的椿象，它的背面有着像眼睛似的两个黑点、一条犹如嘴巴的弯线，露出的一截黑色翅膀好似头发，看起来像极了一张黄色的脸，两旁还装饰着黑白相间的鬓角，看到这个有趣的昆虫，大家都啧啧称奇！经查证，我们才知道这只昆虫的名字就是人面椿象（*Catacanthus nigripens*），属于半翅目椿象科，它背上的那张脸，让它成为东南亚热带地区的明星昆虫！我曾

经看过许多人拍摄的人面椿象照片，发现每只椿象背上都有由头发、眼睛、鼻子、嘴巴组成的一张脸，不过和人一样，每一张"脸"的模样都不相同！

　　很多人都会提出疑问，为什么椿象会有人脸的图案？甚至还有灵异节目绘声绘色地讨论，说这是被鬼灵附身的虫子，陌生人勿近！不过，这些疑虑都只是我们人类自己的想象，人脸的图案其实是椿象的保命法宝，这种方式被称为"体色切割"。人面椿象背上的鲜艳黄色色块，交杂着看似人类五官的黑色以及少许白色斑点，让它们在森林里活动时，可以融入阴影之中，让掠食者无法一眼判断出其形体，借此来赢得逃命的时间！

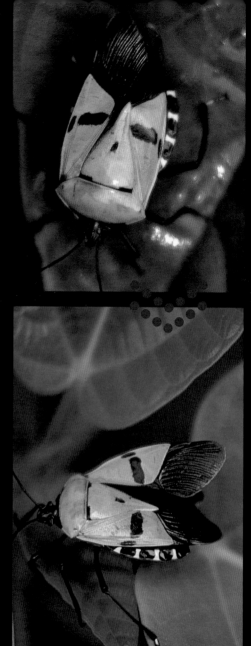

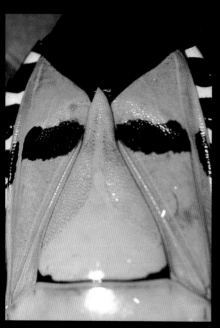

人面椿象背上的花纹像极了一张人脸，虽然它们都是同一种椿象，可每一张"脸"上的表情都不一样！右图这只椿象看起来像一个老先生的脸，换个角度看，原来是因为它受过伤，翅膀合不起来，才有了这样特殊的面貌！

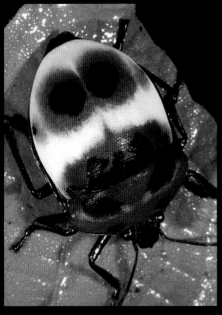

对人面椿象来说，它才不在乎人类看到的是什么样的脸，它最在意的是天敌看到的它的样子！

如果在热带雨林的自然观察里加入一些想象力，而不是一味追索生物的真正名称，那么进入雨林就会变得非常有趣！因为光是椿象，我就曾经见过无数种，如像鲑鱼生鱼片的椿象（发现它的时候，我正好肚子很饿！）、背部像皮革的椿象、像小丑的椿象……稍稍发挥一下想象力，你就能把它们的模样牢牢记住。

婆罗洲的雨林生物无奇不有，蛾类身上也常可以找出特殊的"人脸"图案。除了它们以外，这片宝地还有许许多多身上带着人脸般图案的昆虫。如果有机会造访这里的热带雨林，不妨找寻一下那些充满趣味的小生命吧！

油茶宽盾蝽（*Poecilocoris latus*）背上有张像小丑的花脸。

这种比蝽（*Pycanum rubens*）若虫看起来像不像鲑鱼生鱼片？

有着皮革质感的某种椿象（*Sanganus jeuseni*）。

Man-Faced Moths

▲ 青球箩纹蛾（*Brahmaea hearseyi*）　　　　　　▲ 魔目夜蛾（*Erebus ephesperi*） ornata ）   ▼ 某种雪苔蛾（ *Cyana selangorica* ）   ▼ 细斑尖枯叶蛾（ *Metanastria gemella* ）

婆罗洲雨林里各式各样的"人脸"蛾类，是欺敌、是伪装，还是巧合？实在是不得而知了！

▲ 粉褐斗斑天蛾（ *Daphnusa ocellaris* ）

Chapter 1　Magic in the Rainforest

铁甲兵团

Armored Corps Beetles

　　到婆罗洲热带雨林之前，我就被拥有三根犄角的南洋大兜虫深深吸引，这只特别的甲虫全身黑得发亮，造型就像史前时代的三角龙！在台湾地区的宠物店里，不难看到南洋大兜虫，它一直都是人气商品，而到热带雨林之后才发现，想要在野外找到它的踪迹，实在是非常困难。要想一睹它的风采，最好是用灯光去吸引，我就是这样看到这个婆罗洲赫赫有名的"铁甲武士"的，它们趋光来到了我们住宿的森林木屋前。

　　以前一直以为南洋大兜虫只有一种，

这几年拍摄下来，才知道有三种不同的南洋大兜虫，一般俗称南洋大兜虫的是学名为"Chalcosoma caucasus"的高卡萨斯南洋大兜虫，是亚洲地区体型最大的兜虫，三根细长的特殊犄角加上将近 13 厘米的体形以及墨绿色的金属色泽，有种高贵的武士威严！其他两种是安特拉斯南洋大兜虫（Chalcosoma atlas）和婆罗洲南洋大兜虫（Chalcosoma mollenkapi），外形虽然有些差异，但三种大兜虫的酷炫造型都散发出一样迷人的魅力！

ARMORED CORPS BEETLES

因为种类差异，南洋大兜虫的犄角形状都不太一样。　▼橡胶木犀金龟（*Xylotrupes gideon*）

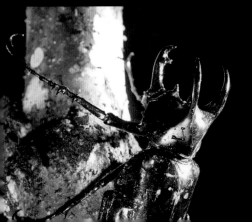

婆罗洲叶状提琴步甲（*Mormolyce phyllodes borneensis*）也是婆罗洲非常奇特的一种甲虫，属于步行虫，加大的椭圆形褐色鞘翅让它看起来就像一把小提琴。婆罗洲叶状提琴步甲食肉，会使用长长的头部在树木的缝隙中寻找猎物，另外，它们也在树皮朽木以及树皮缝隙之中栖息。

婆罗洲雨林孕育了多种多样的生物，除了让我着迷的南洋大兜虫之外，还有一种当地人称为三叶虫的虫子也让我印象深刻。这种昆虫长得像史前的三叶虫，是某种红萤（*Platerodrilus* sp.），外表相当原始，有着长形的身体，身体上有着黑褐色的盔甲，还镶着红色突起的线条。如果不是昆虫摄影家杨维晟提醒我观察前三个突出体节，以及和身体不成比例的小小头部，我可能还一直以为它是某种马陆，谁知道这个长相特殊的家伙竟是一种甲虫！

这一类红萤雌虫没有鲜艳的体色，有利于隐身在枯木中。

红萤，也常被人称为"三叶虫"，身长大约 7 厘米，体色鲜艳，很难相信它是一种甲虫。

除了有特殊造型的甲虫外，会伪装的甲虫在这里也是屡见不鲜。有一次，在一棵龙脑香大树的板根上，我竟然看到了一块苔藓在移动！仔细一看，才发现是一只大约 8 厘米长的叩甲，身体背面是白色和咖啡色的斑纹，不仔细看，还真看不出它是一只昆虫！除了叩甲，我还遇到过全身白色的大金龟子从长着白色苔藓的树皮上飞起，这些精心打扮的甲虫，若是静静停栖在树皮、苔藓上，真的很难发现它们！

婆罗洲热带雨林的甲虫，有的发展出大犄角的武器，有的伪装自己，为的就是在这个竞争激烈的雨林里，求得生存的机会！

这种斑纹叩甲（*Cryptalaus superbus*）伪装成苔藓，若不是它正在移动，真的没法发现，直到看到它胸部的弹器，才确认它是只叩头虫。

两点褐鳃金龟（*Lepidiota stigma*）躲藏在树干上和树干的白色斑纹完美地融合在一起，直到展翅飞起露出马脚。

雨林怪客

D ONES OUT
IN THE
RAINFOREST

在婆罗洲热带雨林里，飞行不是鸟儿的专利，这里原本不会飞的生物——

蜥蜴、青蛙、壁虎、蛇和鼯猴……都有办法凌空一跃，在天空滑翔着！

Chapter 2 Odd Ones Out in the Rainforest

雨林滑翔客

Gliders of
the Rainfore

　　据科学家调查，婆罗洲拥有 30 种以上会滑翔的动物种类，而世界上其他地方的雨林里罕有会滑翔的生物，这也许与婆罗洲特殊的森林环境有关。婆罗洲雨林的代表树种是龙脑香科植物，树高最高可达 90 米，它开花的时间不定，结果的次数又少，因此生物的食物来源相对于其他地区的雨林来说比较稀少，动物觅食的范围势必要扩大，距离也更远。因此动物在森林间觅食、移动都必须更加有效率，大自然也让一部分生物拥有了"滑翔翼"，让许多原本不会飞的生物可以飞起来！这样它们在树与树之间移动时，就不需要大费周章地下到树底，再费力爬上另一株树干，减少了体力消耗以及遭天敌猎食的危险。

　　想要追踪这些滑翔客是一项高难度的挑战，不仅需要经验，更要有好运气，因为你从来不知道在什么时候才能和它们相遇。有一回，我在树丛间拍摄太阳鸟，这种鸟体形娇小，不易追踪，只能顶着烈日在林子里守候。就当我快耐不住雨林的闷热与蚊子大军的围攻之际，眼角的余光瞄到有东西飞过，我急忙转身搜寻，却什么也没看见，但没过一会儿，黑影又从一旁飞过，我将镜头对准它降落的地方，仔细一瞧，只有一只与树干颜色很接近的瘦长蜥蜴，那么，刚才那只"飞鸟"呢？我正纳闷时，蜥蜴突然抬起头，撑起身子，下巴露出三角形的色块，在阳光的照射下，耀眼的金黄色一开一合，就像在挥舞着一面旗帜。我正看得入神，从上方的树丛又爬下来一只同种的蜥蜴，两只蜥蜴一相见，便开始互相展示彼此的金黄喉囊，远远看去好像正在打旗语！不一会儿，下方的蜥蜴似乎感受到威胁，转身侧跑，然后往空中一跃！这可真是一幅神奇的画面，蜥蜴展开了收藏在身体两侧的橙红色翼膜，飞起来了！原来这只其貌不扬的蜥蜴就是角飞蜥（*Draco cornutus*）。

角飞蜥下颌的三角形喉囊会瞬间开合，好像打着"不要靠近我"的标语！

CORNUTED
FLYING LIZARD
Draco cornutus

A small,
slender flying lizard;
tympanum scaleless;
dewlap triangular, covered with
small scales; nostril oriented laterally;
dorsal crest absent; dorsum bright green
to greenish-brown, in males; tan or light brown
in females; patagium reddish-orange with dark
spots or bands; a dark interorbital spot.

角飞蜥往空中一跃，张开收藏于身体两侧的滑翔翼，轻功一样"飞"到了另外一棵树上。

收藏于身体两侧的滑翔翼，展开时就像雨伞，不用时平贴身体，不会干扰角飞蜥的爬行。

可以说，飞蜥是生物界的奇迹！它的前肢与后肢间的体侧皮肤特化成可以自由收缩的薄膜，薄膜收纳在身体两侧，需要时就由肋骨的支撑向左右两侧水平展开，就像雨伞的结构，这类似于鸟类翅膀的滑翔翼，让它们在树林间自由穿梭。飞蜥的种类不同，薄膜的花纹颜色也不同，有橙色、黄色、黑色等，平时都藏在飞蜥身上，一旦遭遇天敌攻击时，飞蜥瞬间展"翅"滑翔，还兼具吓阻功能，是高逃脱的概率。飞蜥神奇的身体构造，实在让人不得不佩服造物者的巧思！

在这个神奇的热带雨林里，就连小小的壁虎也拥有滑翔的特异功能。记得第一次见到飞壁虎那天，我在森林里走导又热又累，正要扶着龙脑香的大板根喘口气，当我的手碰触到树干时，有个软软的褐色生物从我指尖蹿出，吓了我一跳，从它沿树干爬上去的模样，我认出那是一只壁虎（守宫），但当它爬到距离我头顶 1 米高时，却突然往树外一跳，又在我头顶画出一道完美的弧线，直到降落到我前方的树上，我才兴奋地大叫："我遇到飞壁虎了！"

其实这种飞壁虎在婆罗洲雨林并不少见，它名为横斑褶虎（*Ptychozoon horsfieldii*），一身深褐色，交杂着浅色不规则斑纹，加上尽量让身体平贴树皮的伪装技巧，让它能够在树干上几乎完全隐形，与树干融为一体，所以想要见它一面非得有高超的眼力不可！除了绝佳的隐身术，横斑褶虎良好的滑行配备更是一绝，它的四肢趾尖有可以帮助滑翔的蹼，而且平时收藏在头部、四肢外侧与尾巴外侧的肤褶，在天空滑翔时也会同时展开，让身体的面积增加，以增加滑翔时的浮力！

横斑褶虎一身深褐色，交杂着浅色不规则斑纹，这让它平贴在树干上时几乎完全隐形。

special

Ptychozoon horsfierdii

Another parachuting gecko from the lowlands
body robust; tail tip ending in a broad robust;
tail tip ending in a broad flap;
dorsum grey or reddish-brown with 4~5
wavy dark brown transverse bands.

横斑褶虎的四肢趾尖有可以帮助滑翔的蹼，头部、四肢外侧与尾巴外侧的肤褶会在天空滑翔时同时展开，让身体的面积增加，以增加滑翔时的浮力。

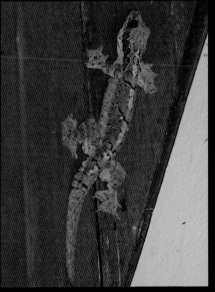

横斑褶虎静止不动时，会压低身体，并张开四肢趾尖的蹼。

讲到雨林滑翔客，就不能不提斑鼯猴（*Cynocephalus variegatus*），与它的第一次相遇也是令人难忘！还记得当时天色刚暗下来，我正准备进入森林作夜间观察，一个像是抹布的黑影正从前方的树冠往下坠落，我抬头一看，正好看见眼前的那块"布"掠过头顶，并"粘"在身后的树上，不一会儿，这块"布"开始往树的高处爬，过程不过短短几秒

钟，我被眼前的景象吓呆了，还以为自己遇到了什么灵异事件！

斑鼯猴既不是鼯鼠也不是猴子，在分类上也自成一目，属皮翼目鼯猴科的成员，主要以树叶、树汁或地衣为食。由于自下颌、颈部延至四肢，直至尾巴尖端具有大而薄的皮翼，形似啮齿目的鼯鼠（俗称飞鼠，但鼯鼠从脚到尾部并没有皮膜），脸部又长得像灵长目的狐猴而得名。

FLYING LEMUR

Cynocephalus variegatus

"Colugo"

The flying lemur feeds mainly on leaves. It can glide from tree to tree, covering up to 136 metre in a single glide. It carries its baby on its belly inside the flying membrane.

夜行性的斑羽鼠白天把身体蜷起来，伪装成圆圆的树瘤，躲藏在树上呼呼大睡。

等到太阳一下山，大约傍晚 6 点，斑羽鼠就会醒来，开始它的"夜"生活。

等到方位确定，斑鼯猴便凌空一跃，张开皮翼，像披着一张大大的斗篷，滑进雨林深处。

夜行性的斑鼯猴白天静静地趴在树干上休息，用深褐色的皮肤将自己伪装成树瘤，不仔细寻找很难察觉它的存在；等到太阳西沉后就是它活动的时间了。刚睡醒的斑鼯猴会先舒展蜷曲一天的身体，经过理毛、排泄等动作之后，斑鼯猴开始往较高的树顶移动，到达一定高度之后，便开始东张西望地判断要去哪个方向觅食，等到方位确定，便凌空一跃，张开皮翼，像披着一张大大的斗篷，滑进雨林深处。

斑鼯猴的皮膜很大，呈几何对称，就连脚趾间也有蹼膜。据调查，斑鼯猴一次滑翔的距离最远可达 136 米，垂直落差可达 10~12 米。我曾观察过一只雌性斑鼯猴，它怀里有只小斑鼯猴，但仍然奋勇地带着孩子跳跃滑翔，这是与将幼兽留在树洞里的鼯鼠最大的不同。一般小斑鼯猴会跟妈妈一起生活 6 个月或更久；有了这种从小的"贴身"飞行训练，难怪斑鼯猴能在漆黑的雨林里无所畏惧地凌空滑翔了。

刚醒来的飞鼯猴会沿着树干往高处爬。

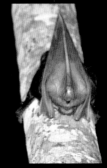

当爬到一个安全的位置时，它开始排泄、理毛，吃素的它粪便却带有很多白色小虫。

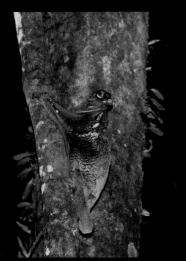

等到排泄完、整理好"仪容"之后，它开始向四周张望，准备出发觅食。

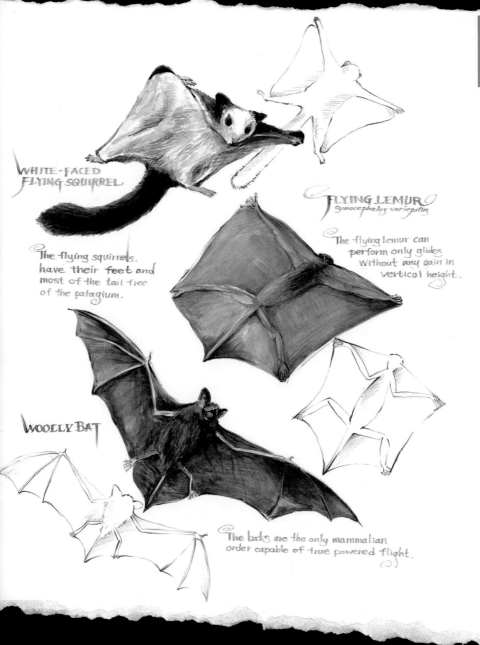

WHITE-FACED
FLYING SQUIRREL

The flying squirrels
have their feet and
most of the tail free
of the patagium.

FLYING LEMUR
cynocephalus variegatus

The flying lemur can
perform only glides
without any gain in
vertical height.

WOOLLY BAT

The bats are the only mammalian
order capable of true powered flight.

飞鼠身体侧边的皮瓣没有包覆尾巴，它利用尾巴控制滑行方向。
蝙蝠身上的皮瓣包覆着尾巴，它的前肢构造与飞鼠、鼯猴大不相同，不但可以振翅飞行，还可以灵活控制方向。

蛙类善于弹跳不必多说，蛙上树也见怪不怪，但会飞的蛙可就颠覆了我们的常识。婆罗洲有很多种"飞蛙"，虽时有所闻，却一直无法见其庐山真面目，青蛙到底怎么飞？这点让我非常好奇。

飞蛙的相关资料非常少，也没有明确的出没地区，唯一的线索就是它们也属于树蛙一类，我只能凭着寻找树蛙的经验，趁夜在热带丛林里细细搜寻。

对于非生态研究人员的我来说，寻找飞蛙是个漫长的过程，只凭着少数几张照片，实在让人找不到头绪。直到雨季初来的一个夜里，我正和伙伴们喝着咖啡，讨论后续的观察方向时，一只橙色的树蛙为了捕食被灯光吸引的蚊虫，跳到木屋的玻璃窗上。我隔着玻璃窗看了一眼，大叫了一声"Bingo（太好了）！"因为这只树蛙前脚的趾间有着橘红色的蹼，

是飞蛙的独特特征，这时，它往前奋力一跃，这一跳，四肢趾间的蹼瞬间张开，运用滑翔的助力，一下子就跳到 4 米外的树丛里，这精彩一幕的表演者就是雨林滑翔客——飞蛙。

前肢的大蹼就是飞蛙的典型特征。

飞蛙在跳跃时，会张开四肢的蹼，以增加在空气中的浮力，让自己滑翔到不同的树上。

*A medium-sized frog;
habitus robust; snout
rounded; tips of fingers
and toes disk-like;
fleshy flap at heel; forehead and dorsum
reddish-brown or orange,
With darker markings;
venter yellow with reddish-orange markings.*

这只飞蛙的名字叫作豹树蛙（*Rhacophorus pardalis*），它有着红褐色的体色，搭配上黑色的斑点，四肢有红色宽大的蹼，让它们在跳跃时能滑行更长的距离。我还观察到，这个家伙能够在空中一边滑翔、一边大转弯，改变行进方向，真是让人啧啧称奇。这个发现飞蛙的过程虽然没有什么惊险刺激，但为了看到它滑翔的身影，我足足等了 6 年。仔细查阅资料之后才知道，原来这种会滑翔的豹树蛙是婆罗洲特定地区常见的蛙类。

飞蛙的前肢因为有蹼而显得特别大，好像戴着棒球手套。

豹树蛙乍看之下和一般树蛙没什么不同，但仔细观察它四肢的蹼，就能发现它是雨林里的滑翔客。

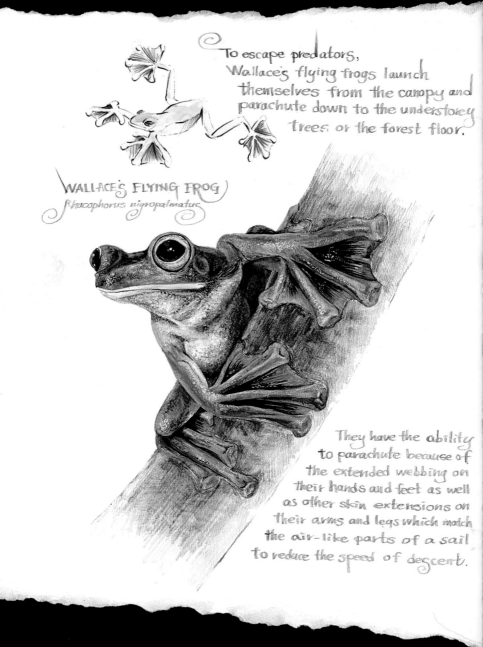

To escape predators,
Wallace's flying frogs launch
themselves from the canopy and
parachute down to the understorey
trees, or the forest floor.

WALLACE'S FLYING FROG
Rhacophorus nigropalmatus

They have the ability
to parachute because of
the extended webbing on
their hands and feet as well
as other skin extensions on
their arms and legs which match
the air-like parts of a sail
to reduce the speed of descent.

在婆罗洲，真正举世闻名的飞蛙是英文名以英国博物学家华莱士
命名的黑掌树蛙（*Rhacophorus nigropalmatus*，英文名 Wallace's flying frog），
这种飞蛙体形相当大，十分罕见，它栖息在低海拔原始雨林的树冠层之中，难怪它拥有超强的飞行本领了。

我在婆罗洲看过不少种类的蛇，有毒的、无毒的，最小的铁线蛇和最大的网纹蟒蛇，但没有一种能比得上"飞蛇"让人惊奇，我与这种蛇的缘分可以称得上是惊鸿一瞥。有一次正在雨林里走着，忽然听到我身后的伙伴大叫"飞蛇"，我赶紧转头看，只见一条丝带般的影子滑入树丛中，随后便消失无踪，它快速、无声地移动，好像什么也没有发生过。

俗称飞蛇的天堂金花蛇（*Chrysopelea paradisi*）是一种十分美丽的蛇，身上有着繁复的斑点，如黑色、绿色、红色、黄色及橙色色斑，大多都在树上活动，除非追捕猎物，不然很少下到地面。当飞蛇要从栖息的树上移动到另一棵树时，会像一支箭一样用力弹离树枝，把自己射向空中，然后将身体伸展成扁平状，借由空气的浮力与身体摆动改变方向，以到达它想去的地方。每次回想起见到飞蛇的情景，就想起一个出版界的朋友，在听到我与飞蛇的奇遇后，直说："蛇已经够恐怖了，会飞的蛇更是恐怖加三级！"到现在还把婆罗洲列为"绝不到访的国度"！有别于友人的态度，我却一直希望能再见到它，因为心里还一直遗憾没能好好欣赏飞蛇滑行的样子。

在婆罗洲，飞行不是鸟儿的专利，这里的蜥蜴、青蛙、壁虎、蛇和鼯猴都在天空滑翔着！若非亲眼见到这些身怀绝技的雨林滑翔客，我怎么可能会相信这超乎常识的事？这些原本不会飞行的生物像被施了魔法一样，在森林中"飞过来、飘过去"，光是想象就让人觉得疯狂！婆罗洲热带雨林因为这些技艺超群的滑翔客，给了人们更多神秘与奇幻的想象空间。

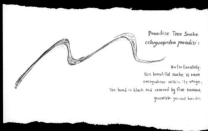

飞蛇滑翔时会将身体压扁，像一条缎带般扭动滑行。

怪蛙大惊奇

Astonishing Frogs

　　在婆罗洲岛，蛙类的种类众多，其中不乏赫赫有名的角色，像先前提到的黑掌树蛙就是这里的明星蛙种！会飞的蛙固然新鲜，但有另外一种头上长了一对尖角、造型特殊的长吻角蟾（*Megophrys nasuta*）更是让我深深着迷！这种造型奇特的长吻角蟾栖息在未开发的原始雨林里，时常出没在溪边的砾石滩上，尤其是有大石头交错的区域，这样的环境大多溪水湍急，水流声很大，正因如此，

角蟾的叫声响亮，犹如敲击金属的声响，如果真要形容它的叫声，只能说好像是棒球棒击中球时清脆的"铿！铿！"声。从前我常听当地朋友提起角蟾，也看过不少照片，尤其是每次在森林里行走时，每每听到它那高亢的叫声，真是让人心痒难耐，但四处搜寻却毫无所获。期盼了许多年之后，终于等到与角蟾初次相逢，因此那次经历让我终生难忘。

那一晚，我在森林里进行夜间拍摄，突然下起大雨，我急忙穿上雨衣，缓步走在路上，忽然听到渐大的雨声之中夹杂着急促的角蟾叫声，那叫声是我从未听到过的密集与频繁。循声赶到溪边的木板桥上，仔细搜寻，果然在河床上发现了一只蟾，我兴奋地爬下河床，这蟾就是我梦寐以求的长吻角蟾！仔细端详其形态，只见它的吻端和双眼眼睑特化

第一次冒着大雨泡在溪水里拍摄角蟾，全身湿透。

成三角锥状，搭配着褐色身体，让它一到树叶堆里就变成了一片惟妙惟肖的"叶子"，看到它的伪装术，就不难理解为何我总是寻之无踪了。

这只雄角蟾顶着雨，却依然气宇轩昂，完全无视我的靠近，在大石头上持续大声鸣叫着。而我为了取得更好的拍摄角度，将身体浸入冰冷的溪水中，左手撑着雨伞，右手拿着相机，穿着雨衣泡在水中，耳朵还因为角蟾的叫声过高而阵阵耳鸣……一番折腾之后，顾不得浑身湿透，我终于拍摄到了珍贵的角蟾鸣叫的照片，正在欣喜之际，忽然发现岸上的伙伴不断挥舞着手电筒提醒我上岸。

这才发现，窄小的河床因为急促降雨，原本只淹到腰际的溪水，已经要漫过胸部！这个狼狈又刺激的体验让我终生难忘！几年追寻角蟾的经验，使我终于知道寻找角蟾的最佳时间不是上半夜，也不是下半夜，而是下大雨的夜晚！

夜里的暴雨越下越大，却浇不息雄角蛙求偶的兴致，越叫越大声。

角蟾的吻端和双眼眼睑特化成三角锥状，好像枯叶的尖端，向上微微翘起。

同样是角蟾成体，每一只身上的花纹与体色都有些不同，是种类不同还是个体差异，就要等待科学界去研究了。

角蟾一遇到危险，立刻压低身子与落叶融为一体，它三角锥状的吻端和双眼眼睑，让它把自己也变成了一片落叶。

夜晚的热带雨林就像是蛙类的大堂，各种不同的蛙鸣声在森林深处回荡着，好像一场热闹无比的派对。这里多样的蛙叫声也闹出过不少笑话，我们曾经有一次走错路，原本预计天黑前回到木屋，却走到月亮出来了还没到，一行人又热又累。突然脚边传来一阵像人发出的诡异叫声"哇——哇——"，走在我前面的女伙伴以为是我恶作剧，装声音吓她，我来不及解释，就遭了她一记白眼。没

有着一双红眼睛的腺疣蛙有着双鸣囊，因此可以发出极大且让人印象深刻的叫声。

想到没走几步那怪异的"哇——哇——"声又在另一侧传来，那伙伴不耐烦地说："你闹够了没有？"这时，被冤枉的我看到草丛中有一只大蛙好像正在鸣叫，我用手电筒追了它一会儿，果然看见这只双鸣囊的赤蛙发出长串的"哇——哇——"，我也学着"哇——哇——"地叫了几声，结果这只赤蛙竟然发出另一种"了——啊——"的奇特叫声，我继续学它"哇——哇——"叫，它在回复两次"了——啊——"之后，竟奋力跳到我面前，我被它突然的举动吓得跌坐在地上！看到被蛙戏弄的情景，刚刚那位生气的伙伴也笑了出来！后来查资料才知道这个让我们误会的是腺疣蛙（*Pulchrana baramica*），而几次观察下来发现，与它对叫时发出的"了——啊——"应该是它驱赶情敌的威吓声！这个怪蛙实在让人难忘呀！

婆罗洲的蛙类为了在这片竞争激烈的雨林里生存，演化出各种独有的特殊模样，习性各自迥异，体形也大相径庭。

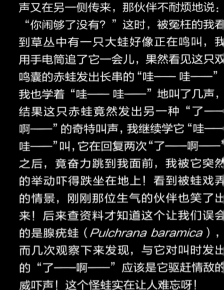

2010 年沙捞越大学的教授发现了一个新种蛙类——猪笼草姬蛙（Microhyla nepenthicola），这是世界上最小的蛙，成蛙只有 3 毫米。这种小雨蛙虽然迷你，叫声却出奇的响亮，而且可以栖息在猪笼草充满消化液的瓶子中！婆罗洲有超过 160 种以上的蛙类，可以说是蛙类的天堂，如果有机会造访，一定能让你惊奇不断！

杜利树蛙（Rhacophorus dulitensis）趾间有蹼，但没有它滑行的记录，因此没被归类为飞蛙。它的身体如玉石般半透明，在繁殖季还可以看见腹侧一颗颗的卵。

骨耳泛树蛙（*Polypedates otilophus*）体型极大，眼睛后方的颞褶有明显的突起，是它最大的特征。

▲ 身材修长的科氏泛树蛙（*Polypedates colletti*）。　▼ 绿灌木蛙（*Philautus bunitus*）有双好似没睡觉充满血丝的眼睛。

▲ 生活在瀑布边的斑点湍蛙（*Staurois gutatus*）。

▲ 身上有绿斑的不知名树蛙正鼓着鸣囊，唱着情歌。

▲ 白唇蛙（*Hylarana raniceps*）

▲ 好像戴着墨镜的山拟髭蟾（*Philatus* sp.）。

▲ 四线树蛙（*Polypedates leucomystax*）是这里常见的树蛙。　　▲ 身体翠绿色的白唇蛙。

▲ 细腿涧蟾（*Ansonia leptopus*）

▲ 微刺涧蟾（*Ansonia spinulifer*）　　▲ 短腿矮蟾（*Pelophryne signata*）

恐龙现身

Dinosaurs Reappearing Lizards

　　雨林里的夜晚总是充满着惊奇，有一次我和几个朋友摸黑到森林进行夜拍，大伙就像搜查队一样拿着手电筒在林子里寻找"猎物"。我头一转，照到友人身后的树干上正趴着一只大约 50 厘米长的头角蜥（*Gonocephalus* sp.）。我示意朋友回头看看，但他的动作太大，转身时手碰到旁边的枝条，这只熟睡中的头角蜥突然惊醒，并张开大嘴露出利

牙，向我们示威。朋友虽然吓了一大跳，却兴奋地大叫："恐龙！"没错，它的体形比台湾地区的攀木蜥蜴大上十几倍，样子像极了侏罗纪时代的恐龙！

　　婆罗洲雨林里还住着许多大块头的攀蜥，更有一种绿攀蜥，它的体色绿得感觉都有些不真实，我常骗第一次到雨林的朋友说那是玩具工厂的产品，还真骗过不少人的眼睛呢！

▲ 婆罗洲头角蜥（*Gonocephalus borneensis*）

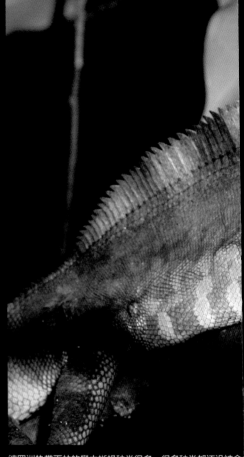

婆罗洲热带雨林的攀木蜥蜴种类很多，很多种类都还没被命名

▲ 平腹头角蜥（*Gonocephalus liogaster*）

▲ 体型硕大的黄点头角蜥（*Gonocephalus grandis*）造型奇特，是这里的巨型攀木蜥蜴。

婆罗洲头角蜥是婆罗洲雨林里的大型蜥蜴，
它在森林里出没，仿佛恐龙再现。

▲ 绿冠毛蜥（*Bronchocela cristatella*），在从树上移动到泥地上的瞬间，会由绿色变成咖啡色。

▲ 绿冠毛蜥变色极其迅速，当它从树叶移动到树上时，在短短 5 秒钟内，由绿色转变成了咖啡色。

婆罗洲的壁虎（守宫）种类繁多，除了先前介绍的飞壁虎，还有一种也叫人难忘。那是我第二次到婆罗洲，白天下了一整天的雨，雨停的时候已经是半夜，一整天没拍到什么生物，让我有些焦躁，辗转难眠之际木屋外面传来一连串"多勾、多勾……"的动物叫声，听起来感觉个头不小。我与室友徐达立刻跳下床，抓起相机冲出门外，可是看了半天，门外除了一轮明月，什么都没有。两人正满腹狐疑时，"多勾、多勾"的叫声再次在耳边响起，这时我们连最后一丝睡意都没了，把高脚木屋四周全部翻找了一遍，脑海里反复琢磨着那诡异的叫声。第二天晚上，我把这件事告诉了当地向导，当我模仿出那特殊的叫声时，他嘴角露出一丝微笑，要我瞧瞧屋顶上的细缝，我拿起长镜头瞄了一下，看到了一个大大的壁虎头，向导拿了根棍子敲一下墙壁，

就看到一只黑色生物从缝里蹿出。那真的是一只壁虎，却是我们家里常见到的壁虎的 3 倍大！原来，昨夜折腾我们的就是这个"庞然大物"，真叫我目瞪口呆！

雨林里的蜥蜴，常常超乎我们平常所见，尤其那惊人的体型，更会让人有种置身于侏罗纪公园的错觉！

见到这么大的壁虎，一定吓你一跳！将近 20 厘米的斯氏壁虎（*Gekko smithii*）是雨林里居民的常客

圆鼻巨蜥（*Varanus salvator*）是婆罗洲雨林里最大型的蜥蜴，最大身长可达 3 米，这庞然大物常在水边活动。

Chapter 2 Odd Ones Out in the Rainforest

食人巨鳄
Crocodiles

　　"鳄魔就擒：16 尺长巨鳄被活擒，疑为吞噬一少年的凶鳄"，我一进入沙捞越伦杜镇（Lundu）一家小吃店，就看见了墙上的报纸上惊悚的标题。婆罗洲西北部的鲁巴河发生的鳄鱼吃人事件，虽然已经是旧闻，但依然让我吃惊不已。正当我看得入神之际，小吃店老板娘说："还好巫师作法抓到它，不然不知还会有多少人会被它吞进肚子里！"这句话更引起了我的好奇心，直追着她询问真相，她叹了一口气说道："这已经不是第一次了。上个月 13 日，一个 15 岁的孩子在河里洗澡，结果被埋伏的鳄鱼一口咬住小腿，随即拖入水中吞食，岸边的亲人发现时，凶狠的鳄鱼早已扬长而去！"

"后来过了一周，村民请来巫师作法，巫师做了一个仪式，然后用施了法的狗肉在出事的河里钓起一条大鳄鱼，并当众剖开大鳄鱼的肚子，果然在肚子里看到人骨与毛发！这巫师法力高强，好灵啊！"巫师作法让鳄鱼自投罗网？听他煞有介事地说完，我更加狐疑了！

出了小吃店，我问了当地的朋友这事的原委，大家都说真有其事，还告诉我，有一回巫师在岸边才刚施完法两天，食人鳄就现身河面，村人一拥而上活擒

"吃人鳄正法"是 1999 年 6 月 20 日的《星洲日报》的头条新闻。

2004 年 12 月 9 日的《星洲日报》，标题写着《鳄魔就擒》。

了这只食人鳄，它的长相"嘴长牙尖"，模样十分邪恶！经过巫师念咒之后，这只鳄鱼还流下了"忏悔的眼泪"！我急忙追问结果，朋友两手一摊说："当然是处死以慰亡灵啦！"

这一个听来像是乡野奇谈的故事，经过一番观察和查访，才发现那只"嘴长牙尖"的鳄鱼流下的可能不是"忏悔"的眼泪，而是"冤枉"的泪水！婆罗洲的内陆河流流域里栖息着两种鳄鱼，一种是马来鳄（*Tomistoma schlegelii*），另一种是湾鳄（*Crocodylus porosus*）。湾鳄体长可达 7 米，攻击性极强，除了捕食鱼、龟鳖及河边的哺乳动物外，还时有攻击人的记录。而马来鳄的体型较小，吻端细长，适合捕鱼，以鱼类为主食，捕食哺乳动物的概率较小。朋友口中那只"嘴长牙尖"的凶鳄，应该是马来鳄，它替湾鳄背了一个"黑锅"！鳄鱼在巫师作法后浮出水面，与其说巫师法力无边，不如说自然观察经验才是他的法力，利用鳄鱼常常会在同一个栖息地出没的习性，在事发地点守株待兔，当然容易手到擒来！而西方谚语常用来形容假慈悲的"鳄鱼眼泪"，不过是鳄鱼为了排泄体内多余的盐分所流出的排泄物罢了！

近年来婆罗洲内陆的鳄鱼攻击人类事件频传，其实也是值得反思的环境问题。这些鳄鱼原本捕食雨林里的哺乳动物，因为森林被砍伐破坏，失去栖息地而数量锐减，加上河川的污染，逼迫这些丛林巨兽不得不往人类聚居的河口迁移，饿昏头的它们只好转向猎捕人类。在给这个世界上最大型的爬行动物扣上邪恶帽子的同时，不禁让人反思，到底是鳄鱼吃人还是人吃鳄鱼？

湾鳄经常出现在河口，曾发现大约 7 米长的大型个体，是婆罗洲最大的掠食动物。

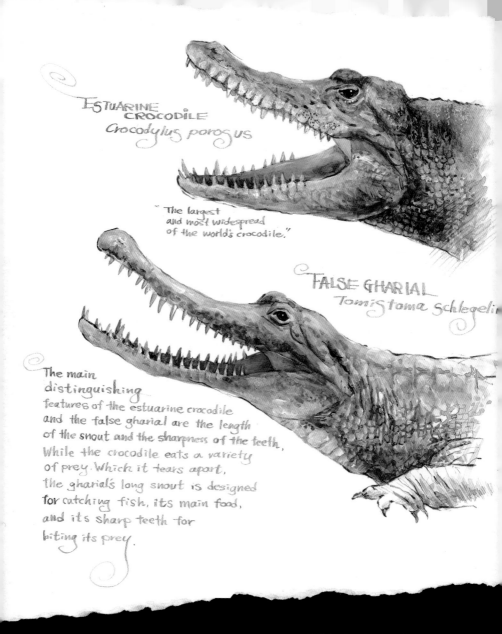

ESTUARINE CROCODILE
Crocodylus porosus

" The largest and most widespread of the world's crocodile."

FALSE GHARIAL
Tomistoma schlegeli

The main distinguishing features of the estuarine crocodile and the false gharial are the length of the snout and the sharpness of the teeth. While the crocodile eats a variety of prey. Which it tears apart, the gharial's long snout is designed for catching fish, its main food, and its sharp teeth for biting its prey.

湾鳄（上）吻端较短，体形大，攻击性强，除了捕食鱼、龟鳖及河边的哺乳动物外，还时有攻击人的记录。

马来鳄（下）的体形较小，吻端细长，适合捕鱼，以鱼类为主食，捕食哺乳动物的概率较小。

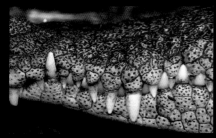

湾鳄的牙齿短而利,适合撕裂肉类。

马来鳄有像尖嘴钳的吻端,牙齿尖细。(艾丽斯 摄)

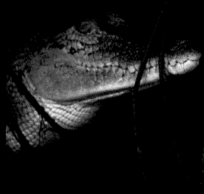

湾鳄的吻端较短而宽,能稳稳地咬住哺乳类动物。

躲在河岸边灌木丛中的湾鳄,一动也不动地等待着猎物自己送上门。

巨蟒出没

Giant Pythons & Snakes

婆罗洲热带雨林里最大型的蛇类是网纹蟒（*Python reticulatus*），体长可达5米以上，是这片雨林的恐怖掠食者，在马来西亚也曾有捕食人类的记录。婆罗洲的蟒蛇通常出没于低地森林的河流里，小于2米的蟒蛇主要为树栖性，白天紧缠在高处安全的树洞中或者树冠处休息，大蟒蛇则喜欢栖息于靠近地面的树洞或是枯木底下。蟒蛇属夜行性动物，它们猎取鸟类、猿猴、鼠鹿、野猪以及各种小型哺乳类动物。

十多年来，我在森林里只有一次与它相遇的记录。那是一个刚下过雨的夜里，一个朋友气喘吁吁地跑到木屋告诉我，他在森林下方的溪里看到一只大型生物在水中翻滚。我随即带着相机跑进森林，当到达他目击巨物的那条溪流时，我通过手电筒的灯光看到一团东西沉在水底。我将几个朋友的手电筒全部收集过来，往水中一照，正好那生物也翻滚了几圈，激起了一阵水花！这时我才看清，这是一条缠住猎物的蟒蛇！由于河床落差极大，刚下过雨的溪水也十分湍急，我只能在岸上尝试用各种方法拍摄水里的它，但因为角度的关系总是拍不到好的画面。折腾了一个多小时，蟒蛇还是沉在水底没有移动位置，此时天空又开始下起雨来，我们只好先打道回府，静观其变。

兴奋的我一夜没有合眼，第二天天刚亮，我就来到昨晚发现蟒蛇的地方，果然蟒蛇还在，但已经从水底跑到河床上，我有望远镜的伙伴帮我确认蟒蛇是不是咬主猎物在进食，因为进食中的蟒蛇攻击性会弱一些，我也比较有机会近距离拍摄。

同行的伙伴看了好一会儿，跟我说它已经在进食，我便沿着堤岸大石头爬下溪谷绕到蟒蛇的另一侧砾石滩。刚靠近，蟒它突然动了一下并松开蜷曲的身体，虽然隔着一块大石头，我仍吓得后退几步。不料蟒蛇抛下一个褐色生物，整个身子延展开来，绕过大石头，涉水朝我而来。我愣在原地，差点儿连快门都忘了按，因为这条长约 4 米的巨蟒，绕过大石游泳移动到我身前只花了不到 10 秒，而我脑海中闪过的就是那张著名的蟒蛇吃人的照片！正当它准备冲上岸之际，我看到它抬高头部，往前看了一眼随即转头往溪流下游而去！原来是同行的两个伙伴，看我下到河床，也跟着我后面爬下溪谷，却不知蟒蛇正朝着我直冲而来！我猜蟒蛇可能看到突然出现的三个大个头，自觉无法一次对付三个而逃之夭夭吧！

看着蟒蛇离去的身影，我一方面暗自庆幸逃过一劫，一方面又愧情自己没有拍到精彩画面。

没了蟒蛇，我接着搜寻它先前抛下的那个生物，靠近一看，一只身长大约 80 厘米的鳖奄奄一息地趴在河床上。这时国家公园管理员老刘听到蟒蛇出没就赶来察看，他翻动那只大鳖，发现它的背甲与腹甲上都留有两个深齿痕，这就证明了前晚为何蟒蛇要在水底打滚了！这条蟒蛇一定是饿昏了，它试图用缠绕挤压的方式将鳖带入水中淹死！然而经过一晚的折腾，鳖不但没有死，而且还有个硬壳让它难以下咽。

众人一番推敲，终于恍然大悟："原来这就是所谓的吃鳖呀！"老刘更开着我的玩笑说："它追你不是要吃你，而是要警告你，如果你敢把这个丢脸事说出去就试试看！"事后询问老刘，他巡守这片森林这么多年，从来不曾见过如此景象。雨林之大无奇不有，蟒蛇吃鳖，可真是头一遭！

这次的事件看似笑话一则，却也让我们反思，是不是因为雨林的破坏，造成蟒蛇的食物稀少，而被迫吃鳖呢？环境问题应该要好好重视了，不然下次"吃鳖"的可是我们人类！

一只网纹蟒松开怀中的猎物，往我的方向游过来。

这只还留着齿痕的鳖差点儿成了网纹蟒的食物。

无毒牙的网纹蟒会先发出
"嘶嘶"的威吓声音，并张
开大口往前奋力一扑，咬住
猎物。这个动作让正在拍摄
的我受到很大的惊吓。

很多人以为到热带雨林一定会遇到很多蛇，事实上，要在婆罗洲热带雨林里与蛇相遇，实在不容易。雨林里的蛇类都有很好的隐身术，不是把自己藏在落叶堆里，就是伪装成长长的藤蔓，它们有灵敏的感应，人类一靠近马上就躲得远远的！

绿瘦蛇（*Ahaetulla prasina*）有着长而尖的头部，身体纤细的它常攀附在绿树藤上，等待不知情的飞鸟停栖，然后以极细微的抽动移行方式，悄悄潜近猎物而一举拿下！相较于绿瘦蛇的低调行事，树栖的毒蛇——黄环林蛇（*Boiga dendrophila*）与之有极大的差异，它大大方方地挂在树梢，身上显眼的黄黑相间体色，仿佛在告知猎食者自己不好惹！

绿瘦蛇有着长而尖的头部。

绿瘦蛇身体纤细，常攀附在树上，将自己伪装成藤蔓，等待不知情的猎物靠近。

有毒的黄环林蛇黄黑相间，这个体色似乎在警示掠食者："我不好惹"。

体型硕大的绿蝮蛇也是婆罗洲的常见蛇类，它每天都保持同一个姿势攀附在树上，静静地等待猎物靠近。

Multi-Feet Under the Rainforest

Chapter 2　Odd Ones Out in the Rainforest

多足怪客

讲到"多足"怪客,雨林里的蜘蛛模样也是极为古怪!其中婆罗洲的棘蛛最能引起我的好奇心,这种背上长着尖刺的蜘蛛种类很多,各自都有不同的模样,其中弓长棘蛛(Macracantha arcuata)又黑又长的棘刺搭配着鲜艳的橘黄色背部,让我十分着迷,它那一对细长带有完美弧度的棘刺,乍看就像背着一对弯弯的牛角!我常常在想,热带雨林里的藤蔓那么多,这样的蜘蛛在林间移动,会不会不小心被勾住?而这么长的棘刺到底有何作用呢?

在雨林里行走,常常会遇到一些奇怪的现象,十多年来我是见怪不怪了,因为只要仔细观察,所有自以为的怪事其实都有迹可循!但对于第一次进入雨林的人来说,因为对环境不熟悉,而被各种怪声吓得花容失色的不在少数。有一天黄昏,我与几个伙伴去看蝙蝠出洞,回程的时候天色已经开始昏暗,一个走在前头的伙伴突然停在步道上四处张望,我走过去问她怎么了,她惊慌地跟我说:"我听到身后有怪声!而且那声音一直跟着我,但我一回头,什么东西都没看到!"她以为自己遇上什么灵异现象!为了解

开谜团,我在木栈步道两侧搜寻了好一会儿,终于在步道下方的落叶堆里看到一个球状物体,我捡起来放在她手上,被吓到的友人问我:"你捡一颗果子给我干什么?"我告诉她怪声与这东西有关,我要她把果子先放进口袋,并安抚她别害怕,回到住宿的木屋后再告诉她真相,就这样回到了木屋,我也忘了跟她解释,没一会儿,隔壁木屋又传来尖叫声,我冲过去一看,刚才那个女生惊恐地指着地上说:"你给我的果子会动!"我急忙安抚她,并且为自己忘了告诉她真相而连忙道歉,因为她遇到的是一只球马陆!

球马陆又称鼠妇,是一种小型的陆生甲壳类,身体在受到惊扰时会蜷成一团,让它可以迅速地滚落到落叶堆里,靠体色与落叶融为一体,骗过敌人的眼睛!我推测朋友在木栈步道上行走时,震动的声响让一旁的球马陆受到惊吓,身体一缩,滚落到落叶上,发出声响!除了这种大型的球马陆以外,我还在婆罗洲雨林里见过许多种不同样貌的马陆,唯一相同的就是比起台湾地区的马陆,这里的马陆可以说是巨无霸了!

有着弯弯棘刺的弓长棘蛛也会结网。

这只弓长棘蛛有着白色的背部,模样十分特殊。

比好友潜龙眼珠子还大的球马陆，平时是长形的虫子，栖息在森林底层的落叶堆中，遇到危险时才蜷成球状逃生。

▲ 两只鲜红的马陆正亲密地互动着。　▲ 马陆一个体节有两对脚，这是与蜈蚣不同的地方。

▼ 长形的马陆遇到危险时也会蜷成球状。　▲ 这只大型马陆红黄黑三色的配色非常抢眼。　▼ 好像披着蓝色盔甲的马陆。

丛林
吸血鬼

Vampires in
the Rainforest

在婆罗洲热带丛林中行走，最恼人的不是毒蛇猛兽，而是一群令人发狂的"吸血鬼"，它们个子虽小，却能让人心生恐惧！名列头号吸血鬼的是蚊子，你可能会觉得蚊子有什么稀奇，但只要你亲身体验过雨林里蚊子的攻势，就会知道我一点儿都没夸张！多雨的热带雨林底层处处积水，给蚊子幼虫提供了绝佳的生长环境，每到晨昏之际，蚊子大军倾巢而出，那声势可是十足吓人，我曾试过本土的数种防蚊液，仍然不敌饥肠辘辘的蚊子兵团，只要遇上它们，短短几分钟，保证带着满身"红豆冰"回家！我试过许多朋友建议的方法，包括穿着长袖长裤，把自己包起来，此举让我闷热无比，但蚊子还是有办法隔着衣服裤子往你的屁股上补一针，然后大快朵颐！有时蚊子咬多了还会并发过敏症，那就像友人所说的："蚊子咬不是病，痒起来要人命！"

跟蚊子比起来，雨林里的另一号"吸血鬼"——蚂蟥，可就让许多人退避三舍了！湿热的丛林深处，栖息着跟台湾地区相似的山蚂蟥，若不注意，还会把那黑黑小小的身子当成毛毛虫呢！但山蚂蟥还不是最让人害怕的，比较吓人的是一种在沙巴森林里的虎斑蚂蟥，这种蚂蟥不但体形较大（约 5 厘米），身上的鲜黄色直条纹搭配上深咖啡色的体色，更是给人留下难以磨灭的印象！我曾经在一处保护区的原始丛林里，瞧见前方路径旁的每片叶子上，都有一只圆球状的蚂蟥正在"守株待兔"，当我一走近，叶子上的蚂蟥大军各个都拉长了身子，左右摇晃侦测我的位置，摇头晃脑的样子，好像正在跟你说"欢迎光临"！据说蚂蟥是靠侦测动物吐出的二氧化碳来判断食物是否送上门来，当它

发现目标后，会将头部尽可能地向外奋力一推，用嘴巴咬住它所接触到的叶片，然后直奔"猎物"，这时它的身体会弯曲成环状，让尾部往头部方向推进，然后长长的躯体再次伸展开，并将头部再次向前推进一些。每一步的距离都是整个身体的长度，这样的爬行方式与尺蠖十分相似，待到达目的地之后，便用它手术刀般的利牙在皮肤上划上一个肉眼看不见的小洞，并在伤口涂上抗凝血的物质，然后开怀畅饮！等到原本大约 2 厘米的细小身躯胀到 5 厘米左右时，便悄悄放开口器，滚落到草丛之中！

到访过原始雨林的人常常遭受蚂蟥的"热情款待"，但因为闷热雨林常使人身体处于燥热、满身大汗的状态，根本难以察觉它们的存在，等察觉到流血后，才知道又被这个小"吸血鬼"吃了顿霸王餐！

不过并不是所有人都讨厌蚂蟥，沙捞越的伊班族土著居民，将蚂蟥视为生生不息的力量象征，在刀柄、刀鞘、传统服饰或编织物上，都可以看到大大小小的蚂蟥图腾！

很多人莫名地害怕蚂蟥，刚进入丛林的我也是带着一丝恐惧，但多年之后，经验告诉我，蚂蟥越多的地方，野生动物就越多，这是一个食物链的供需概念！我常想，可以遇见蚂蟥是幸福的，让它吸血也是一种交换，因为我知道在有蚂蟥守护的丛林深处，还有众多的野生动物在等着我去探索！

在这片雨林穿梭多年，我也"捐"了不少血，所以我常跟到访婆罗洲雨林的朋友开玩笑说，"不要乱打蚊子和蚂蟥哦，它们有可能是流着与我相同血液的亲戚！"

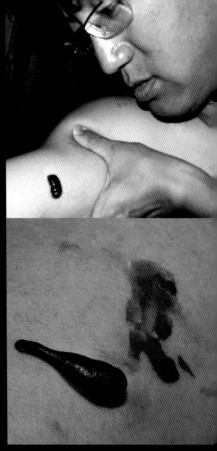

马蟥是公认的最恐怖的雨林生物，其实马蟥多的地方，也表示它的食物来源——动物很多，所以要看动物的话，马蟥可以当作指标生物。沙巴的丹浓谷自然保护区还为每位被咬的游客准备了"蚂蟥证书"。

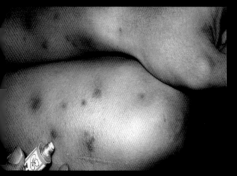

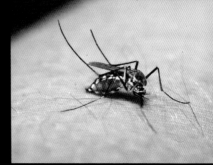

飞起蚂蟥，蚊子是热带雨林里最让我头疼的生物，每次被咬一口，浑身发痒难耐，非常不舒服

由于对蚂蟥的恐惧，蛞蝓和色彩鲜艳的涡虫，也都被误认为是恐怖的吸血怪客，其实这些生物只是体形相似，但对人是无害的。光看这些生物的造型与身体的颜色，就让人啧啧称奇了，用欣赏的眼光来看这些生物吧！

▲ 蛞蝓背上有个小小的壳，模样特殊。

▲ 这只荧光绿的蛞蝓（*Ibycus rachelae*）栖息在1 000 多米的神山山腰。

▲ 婆罗洲的涡虫有着鲜艳的体色与特殊的造型，仿佛穿着名家设计的华服，在林间穿梭着。

Chapter 2. Odd Ones Out in the Rainforest

飞蝠在天

ts Through
the Rainforest

位于沙捞越的巫鲁（Mulu）国家公园有着闻名于世的石灰岩地形，这片特殊的生态环境已被联合国列入世界自然遗产之列。外面的太阳依然炎热，但进入公园内开放参观的鹿洞（deer cave）中时，随即感觉到一阵凉意袭来。这个洞穴是世界已知最大的石灰岩洞穴之一，最大的窟室高达 120 米，宽度则有 175 米，洞穴全长超过 2 000 米。远离炽热的太阳，在这仿佛开了冷气的洞穴中行走应该是非常舒服的，但脚下踏着堆满粪便的湿滑步道，伴随着让人作呕的刺鼻酸臭味，这滋味其实并不好受！我拿着强光手电筒，试图划破黑暗的洞穴顶端，想要看清黑压压一片的洞顶到底藏了什么样的生物，但无论怎么照，灯光仍旧不够强，高耸的岩壁怎么也看不清；但光就满地的粪便与空间里回荡的高频

声响便可以推断，上头黑压压的一片可能都是蝙蝠！我在一旁岩壁上看到像是燕子的巢，才知道洞里也有燕子栖息。向导阿明告诉我，洞里不但有蝙蝠，还栖息着不少的燕子，它们与蝙蝠为邻，一个日行性，一个夜行性，互不干扰！我在洞内忍着臭气拍了一些照片，眼看将近下午五六点，阿明催促我尽快到洞穴外头，因为即将有大事发生。

快到洞口时，就看到洞顶隐约有大批蝙蝠在飞动，在洞口向外仰望，这些蝙蝠在洞口上空集结，并绕着一个圆圈群飞。我急忙小跑步到洞外开阔的平台想看个仔细，望向鹿洞，发现刚绕圈的蝙蝠已经排着长长的队形，像是一阵黑烟飘向天际，这时，第二群蝙蝠也飞出洞外，天空仿佛出现了两条"飞龙"，一路翻滚着往森林而去！

看到这番壮观的景象，我和伙伴试图计算一共有多少"飞龙"，却在算到第 60 只的时候放弃了，因为后头还有数不清的"飞龙"不断地从山洞里涌出！

这数也数不清的蝙蝠，大多是皱唇游离尾蝠（*Mormopterus jugularis*），以昆虫为主食的它们，在晴朗的傍晚会成群飞出洞穴觅食。根据科学家调查，巫鲁国家公园光是鹿洞里就栖息了超过 300 万只蝙蝠，数量非常惊人！而它们之所以要排队出洞，是为了要以群体的力量躲避掠食者的伏击。在鹿洞外几次观察下来，发现每次在蝙蝠出洞时，总会有几只食蝠鸢（*Machaerhamphus alcinus*）盘旋在洞口不远处，专挑落单的蝙蝠出手！只要看到蝙蝠大队稍微松散一些，食蝠鸢便俯冲而下，冲进空隙一举拿下！有个小学老师还开玩笑说，"我要回去告诉孩子们，蝙蝠不好好排队就被老鹰吃了，要好好守规矩排队！"这虽然是玩笑话，但也能见识到小小蝙蝠以群体力量抵御掠食者的计谋！

黑烟般的蝙蝠出洞奇景，至今仍震撼我心。依蝙蝠的食量来估算，这区域的 300 万只蝙蝠，每天就要吃掉约 15 吨的昆虫，天天要有这么多的虫子供应蝙蝠大军的温饱，巫鲁国家公园不愧是热带昆虫多样性的天堂！

栖息在山洞里的皱唇游离尾蝠。

巫鲁国家公园有着闻名于世的石灰岩地形，每天傍晚有成千上万只蝙蝠从地下岩洞飞出觅食。

食蝠鸢在蝙蝠群附近盘旋，寻找落单的猎物。

蝙蝠群起飞之后会在鹿洞洞口盘旋集结，再整队出发。

在蝙蝠集结的洞口有一块岩石长得很像林肯的侧脸。

鹿洞是世界已知最大的石灰岩洞穴之一，最大的窟室高达 120 米，山洞里栖息着超过 300 万只蝙蝠。

Chapter 3
WILD BORNEO
野性婆罗洲

这是一个 24 小时都充满惊喜的地方，白天有大批生物在林间穿梭觅食，

夜幕低垂时又换上另一批生物上场……这片土地真是野性十足！

大鼻子情圣

Proboscis Monkey

记得第一次来到婆罗洲，在河口红树林遇见了这里特有的长鼻猴（*Nasalis larvatus*）。通过长镜头，我认出了它的大鼻子，这也勾起了我小时候的一段回忆。在小学的时候，学校福利社卖一种三张一包的动物书卡，多种动物图案的书卡，引诱着爱动物的我去购买，由于是随机抽选书卡，常能收集到重复的动物。有一次，我把好几张书卡丢进垃圾桶，被妈妈骂了一顿，说我浪费，问我为什么这么做，我回答她："这猴子鼻子好大，很丑！"小时候被我嫌弃的猴子，现在却活生生出现在我面前，那种感觉真是难以形容！但长大后再看它，却一点儿都不觉得丑了，甚至还觉得很可爱呢！

长鼻猴的鼻子出奇的大，在争斗地盘的时候，成年雄猴常用它的大鼻子向对方发出吼叫，以显示它独有的雄性特征。为什么只有雄性长鼻猴有大鼻子？有很多种说法。有人说大鼻子是游泳时的通气管，另一种说法则是大鼻子可以帮助调节体温，但这都无法解释公猴和母猴鼻子的巨大差异。最浪漫的一种阐述是雌性长鼻猴喜欢大鼻子的雄性，由此推断大鼻子公猴比小鼻子的情敌有更多的机会"抱得美人归"，得以繁衍更多的后代，于是大鼻子的这部分基因就被保留下来并世代相传。或者，大鼻腔能有更好的共鸣效果，使得公猴求爱和示威的叫声能够更有气势，所以给雄性长鼻猴"大鼻子情圣"的封号是再贴切不过了！

公长鼻猴连吃东西的时候都要用手拨开大大的鼻子，将食物送进口中；母猴鼻子较短，与公猴有着明显的差异。

不单是那大大的红鼻子，圆滚滚的大肚子和屁股上那片好似穿着"白色三角小内裤"的毛发，也总是让它充满话题。长鼻猴有着圆滚滚的大肚子，几乎是其他猴子的2倍大，所以无论雌雄都是一副"身怀六甲"的样子，这与它们的食物有直接的关系。它们以红树林树叶为主食，不过这道素食不仅养分少而且有毒，因此它们的身体形成了一套完备的消化系统，以便更有效地吸收养分并分解树叶的毒素，大型且多间隔的胃是其主要的消化器官，里面充满大量发酵食物的细菌，能够帮助它们消化树叶并从中获取能量，由此可知长鼻猴的大肚子是身负重要任务的！

在婆罗洲许多地方，当地人称长鼻猴为"Orang belanda"，马来语的意思是"荷兰人"，因为长鼻猴的滑稽模样总让当地人联想起当年欧洲探险者的形象——大鼻子、大肚子。直到今天，这仍是它们在当地最通行的名字。

公长鼻猴除了大鼻子，还有一个大肚子，屁股上的白色毛发让它看起来好像穿着三角裤。

住在红树林里的长鼻猴吃素，它们以树叶为主食，大肚子里的胃有特殊的构造来消化红树叶子的毒素。

It is a reddish-brown arboreal
old world monkey that is endemic
to the south-east Asian island
of Borneo. It belongs to the
monotypic genus Nasalis,
although the Pig-tailed Langur
has traditionally also been
included in this genus -
a treatment still
preferred by some.

Proboscis
monkey
Nasalis larvatus

A distinctive trait of this monkey is the males'
large protruding nose, from which it takes
its name. The big nose is thought to be
used to attract females and is a characteristic
of the males, reaching up to 7 inches in length.
Besides attracting mates, the nose serves
as a resonating chamber, amplifying
their warning calls.

长鼻猴里只有公猴具有超大鼻子，有可能是长时间以来，
大鼻子的公猴比较受母猴的喜爱，因此大鼻子的基因就这样保存了下来。

长鼻猴还有一个与灵长类亲戚完全不同的特征，即后足上有蹼。婆罗洲雨林里有许多纵横交错的水道，不少河流都有着宽阔的水面，所以在这里生活的它们必须精通水性。长鼻猴算是游泳健将，但是并不热衷此道。如果真的需要游泳渡河，它们常会先从树上长距离地一跃而下，再迅速游到对岸，不发出太多的声响，因为河里住着它们害怕的掠食者——鳄鱼！

比起鳄鱼捕食，人类不断砍伐森林与建设迫使河流改变了方向，并造成泥滩地沙化，红树林因此逐渐瓦解死亡，使得长鼻猴的栖息地日益缩小，危害到它们的生存。如何让这个雨林里可爱又特殊的"大鼻子情圣"继续在婆罗洲这片土地上快乐地生活，是值得我们人类深思的问题！

长鼻猴不常游泳，但必要时后足上的蹼成了最佳利器，厚脚皮也让它在充满气根的红树林泥滩里活动自如。

林间跳跃对长鼻猴来说是家常便饭，但看着大肚子的猴王奋力一跳，还是让人替它捏把冷汗。

年轻的公猴鼻子稍短，等待经过更多历练才有机会称王。　　成年公猴身上的毛发很长，像穿了一件毛背心。

长鼻猴是群居动物，常由一只大公猴带领大约 20 只母猴、小猴和年轻公猴在红树林间活动。

长鼻猴的母猴与深褐色小猴。

Chapter 3 Wild Borneo

顽皮家族

Naughty
Monkeys

海岸红树林还生活着银叶猴（*Trachypithecus cristatus*），它们是长鼻猴的伴生动物，虽然都吃素，却互不干扰，因为它们没有特殊的胃，所以不会与长鼻猴抢食含有毒素的红树叶。我第一次看到一身灰色毛发的银叶猴时，想到了科幻电影里的毛怪。观察一段时间之后，发现有一只母猴，怀里抱着一只金色的小猴子，我还以为发现了新物种，好友杨耀跟我开玩笑说，婆罗洲地区的猴子都有"易子而教"的习俗，他活灵活现地说："你看它手上那只金黄毛色的是长鼻猴的孩子，而长鼻猴呢，则负责带食蟹猴的孩子，而银叶猴的孩子，是由食蟹猴负责！"当时被太阳晒昏头的我一度信以为真。其实刚出生的银叶猴幼猴，全身长满了金黄色的毛发，这也是一种幼体的识别特征，小猴在族群之中备受保护，而以人类的眼光来看母猴抱着小猴，还真像是抱个玩偶！这种特殊的体色大约到 3 个月之后才会逐渐变成跟父母亲一样的灰色。虽然同是叶猴，从 2 000 米的森林到低海拔的低地雨林都有的栗红叶猴（*Presbytis rubicunda*）就没有特殊色彩的宝宝，不过红褐色的毛发搭配上仿佛电影《阿凡达》里的纳美人蓝色脸庞，这超现实的特殊造型实在让人难忘！

银叶猴在移动时会带着小猴一起跳跃，它们自小就开始学当空中飞猴。大约 3 个月左右，金黄色小猴开始长出灰色毛发

青食的银叶猴只吃树叶以及果实。每次看到一身灰色毛发的它，总让我想起科幻电影里的毛怪

很难想象，可爱的金黄色小
猴是银叶猴的孩子。

栗红叶猴的跳跃功力也是一流，常在密林里活动的它们有着鲜红色的毛发与蓝色的脸，长相十分特别。

比起造型特殊的银叶猴，食蟹猴（Macaca fasciculari）虽然造型一般，体型也比壮硕的豚尾猴（Macaca nemestrina）瘦小，但杂食性的它胆子却比其他猴子都要大！

婆罗洲雨林最安静的时刻，就是艳阳高照的中午，所有生物都躲起来乘凉，我们也开始休息。我睡得正熟，被窗外一阵骚动惊醒，我吃力地睁开眼，往窗外一看，竟瞧见一只食蟹猴蹑手蹑脚拉开纱窗，而另一只已经钻进窗户露出半个头，我连忙坐起来大声威吓，它也睁大眼对我露出牙齿示威！第一次跟猴子这样近距离的接触，让我睡意全无！手忙脚乱地赶走了进屋的泼猴，却听到隔壁木屋有女生尖叫，冲出门外，看到一个女孩用英文一直大声地骂，原来这嚣张的食蟹猴群转移阵地，抢了女孩的蛋糕。讽刺的是，那只抢了蛋糕的食蟹猴，就在木屋前写着"注意猕猴，请勿喂食"的告示牌前吃了起来！看到这一幕，我真不知该笑还是该难过，"人猴大战"似乎是这里常有的戏码，其实这也表示人为的开发已经破坏了猴子的栖息地；猴群找不到食物，只好改当"抢匪"！

食蟹猴又称长尾猕猴，清晨和黄昏都会成群到海滩上以及红树林泥滩地上寻找食物，它们会捕捉招潮蟹为食，也会拾捡潮间带的死鱼和其他海鲜。聪明的它们不知何时发现抢夺人类的食物远比自己觅食要容易，因此常常看到一些"投机分子"四处偷袭游客，还会优先选择女性和小孩，有时还会装出一副无辜的表情，让一些心软的游客无视法规而给它们喂食，这些行为成了它们每日的觅食途径！能造成今日这样的失控情况，其实仔细想一想，猴子本无过，人类抢了它们的栖息地，将它们的家园开发来种植作物、盖房

然就铤而走险了！虽然每次看到猴子"抢匪"出现都不禁莞尔，但我忧心这种人与猴的纷争会演变成对猴子的莫大伤害，还是祈祷这些"小流氓们"在人类身上抢不到食物，而老老实实地回到野外觅食。

国家公园的工作人员告诉我，它们会在日落前聚集在泥滩上觅食，我在夕阳余晖照耀下漫步到红树林泥滩地，默默看着大猴带着小猴觅食，看着它们在海水里淘洗捡到的海鲜，我想这才是属于热带雨林最真实的一面。望着一片金黄的海滩和猴群的剪影，我不禁思考着，当太阳再度升起时，我们是否可能还给猴群衣食无忧的家园？

食蟹猴猴王高举屋巴向我示威

食蟹猴母猴与小猴。

正在无花果树上大快朵颐的食蟹猴。

两只小食蟹猴正在积水的草地上寻找食物。

豚尾猴比食蟹猴体型壮硕，因其尾巴短小而得名。

食蟹猴，它们会趁着退潮到潮间带红树林里寻找食物。

Chapter 3 Wild Borneo

森林人
Orangutan

　　"一看到我，它就开始发出类似咳嗽一样的嚎叫。它看起来是暴怒了，用前肢折断树枝扔向我，然后迅速消失在树顶。"在婆罗洲的沼泽地，英国著名的博物学家、地理学家和探险家华莱士曾记述了他和一只红毛猩猩的惊悚相遇。

　　150多年后的今天，我来到这座神秘的岛屿，同样追寻着雨林里的红毛猩猩，但是十多年来，别说咆哮，我几乎鲜有机会在森林里与真正野生的红毛猩猩相遇。

　　世界上现存的红毛猩猩分为两种，分别是婆罗洲猩猩（*Pongo pygmaeus*）和苏门达腊猩猩（*Pongo abelii*），它们分别分布在婆罗洲以及印度尼西亚的苏门答腊，主要生活在原始的泥炭沼泽森林里。红毛猩猩的英文名"Orang-utan"，源自于马来语对它们的称呼："utan"指的是森林，"Orang"是"人"的意思；婆罗洲的伊班族有个传说，祖先死去后，都会变成红毛猩猩，到森林深处去生活，一直守护着森林。对他们来说，它们就是居住在森林里的"人"，因此才会这样称呼红毛猩猩。

　　每当我有机会深入原始雨林里追寻红毛猩猩，观察丛林高处露出的枯黄大巢时，都会忍不住想象那晚睡在这里的红毛猩猩会是什么模样。和人类一样，红毛猩猩也喜欢"睡床"，几乎每天都会在不同大树的树冠上铺床。手臂长而粗壮的它们会在天黑之前，折下较细小带着叶片的枝条，在大树干上铺出宽约1米的"睡床"，虽然床的面积不小，但由于群树环绕，绿色的床铺并不容易被发现，所以当它们的翠绿床铺逐渐枯黄时，它们早已不知云游到何处了。

ORANG-UTAN
Pongo pygmaeus

female ☿

The black, square face of the adult male with its protruding cheek flanges of fibrous tissue is the obvious characteristic setting the Bornean subspecies apart from the Sumatran.

The female travels with her baby until it is about six years old; by the time one offspring leaves her she probably has another baby to care for.

male ♂

雄、雌与小婆罗洲猩猩（左起）各有不同的脸部特征。

　　每当透过镜头与那充满灵性的神情相望时，我总是被它们的清澈眼神撼动，让我有种"偷窥"的心虚感。事实上，红毛猩猩与人类基因确实有着约 96% 的相似度，在所有的灵长类猿猴之中，红毛猩猩的智商是相当高的一种。在多个研究报告中，都确认了它们有使用工具的能力和行为，如拿木棍敲开果实等。红毛猩猩喜欢吃水果，而且胃口惊人，一天大概一半的时间都在吃东西，野生无花果是它们的最爱。如果能找到一棵硕果累累的无花果树，无疑是它们最开心的时刻，甚至干脆住在上面狼吞虎咽。婆罗洲约有 400 种水果都是红毛猩猩取食的对象。它们不像长鼻猴一样是素食主义者，水果缺乏的时候，树叶、树皮、蜂蜜、小型昆虫甚至鸟蛋，它们也是来者不拒的。

婆罗洲猩猩正狼吞虎咽地吃着树上的无花果大餐。

成熟的婆罗洲猩猩脸的两侧有着深色的肉垂及宽阔而突出的脸颊外缘，前额有很深的皱褶和短短的胡须。

一般猴子在一两岁就各自独立，而司属灵长类的红毛猩猩却和人类的孩子一样，有着漫长的幼儿期。雌性红毛猩猩约 7~8 年才产一胎，幼仔可以一直跟在妈妈身旁，直到母亲再次生产下一胎。因此，到了 7 岁，有些甚至是 10 岁，年轻的红毛猩猩才开始独立生活。一只野生雌性红毛猩猩可以活到 40 岁，但在这么长的生命周期中，却最多只能产下 4 只小猩猩，因此低生育率也是红毛猩猩目前濒临灭绝的原因之一。

原本分布广泛的红毛猩猩，如今只能在少数几个海拔 1 400 米以下的龙脑香科森林、河流边和泥沼泽森林找到其踪迹。然而，它们的可爱和聪明竟然成了最大的危险因素，因为小猩猩是炙手可热的高价宠物，猎人为了活捉小红毛猩猩，通常都会射杀它们的母亲，每只被盗卖的小红毛猩猩身上都有着悲惨的故事。

还好，现今它们已经被列为华盛顿公约组织明令保护的动物之一。但是命运坎坷的它们，却又要面对栖息的原始森林遭受人类的砍伐与开发的危险，这些人类的近亲不断地面临家族离散和家园破碎的双重痛苦。

红毛猩猩和人类一样有着漫长的幼儿期。

雌性红毛猩猩约 7~8 年才产一胎，幼仔可以一直跟在妈妈身旁，直到母亲再次生产下一胎。

红毛猩猩从小跟着妈妈在森林里
到处觅食，学习生活技能。

雄性成年红毛猩猩过着
独居的生活。

150 年前，当华莱士来到婆罗洲的时候，遇到红毛猩猩几乎是家常便饭，从他的《马来群岛自然科学考察记》一书的字里行间便可得知。如今，红毛猩猩们的栖息地大幅减少，但我仍有幸亲眼目睹这种动物艰难求生的身影。

不知在将来，那有着聪慧眼神、翘着调皮嘴角穿越丛林的小红毛猩猩，是否还能在森林里来回摆荡？或是只能出现在我们的雨林梦境里？

红毛猩猩会用绿色枝叶铺床，但它都只睡一晚，等我们看到枯黄大床时，主人早就已经不知云游何处了。

红毛猩猩需要的生活领域非常大，因此不断缩小的雨林栖息地，让可爱的它们生存备受威胁。

Chapter 3　Wild Borneo

雨林歌手 Gibbon

每回想起清晨的婆罗洲，那林间回荡的长臂猿的歌声是我对雨林最深刻的记忆之一。大自然里很少有像长臂猿那么爱鸣叫的动物，而且声音既动听又特别，让我十分着迷。

根据科学家的研究指出，这样的美妙旋律是由雌雄长臂猿一起唱的二部和声。雄性长臂猿常在日出之前独唱，而在日出之后简短地结束，一开始的歌声是连续和悦的鸣唱，大约 20 分钟后，转为急促而高亢。而雌性长臂猿则在日出之后才鸣叫，声音较短，旋律也少有变化，并一再地重复。这样的"雨林晨

歌"主要是在宣告它们在森林中的领域及位置。有趣的是，雄性和雌性长臂猿在一起的时间比较长，有更多的练习与默契，也会让它们的二重唱更丰富且充满变化。

而长臂猿的独唱也大有玄机，雄性单身长臂猿通过"唱情歌"的方式寻找伴侣；反之，已有配偶者则是以歌声警告其他雄长臂猿不要抢它的伴侣。相较于雄长臂猿的"情歌"，雌性长臂猿唱的可能就是"战歌"了，通常是跟保卫果树有关，如果在同一领域里长臂猿的密度较高时，它就会每天鸣唱来宣示主权。

婆罗洲有2种长臂猿，一种是黑掌长臂猿（*Hylobates agilis*），另一种是灰长臂猿（*Hylobates muelleri*），又称婆罗洲长臂猿，这两种长臂猿的分布区域并不重叠。树栖的它们特别喜欢低海拔的龙脑香森林，主要以水果为食。长臂猿并不会像猴子一样妻妾成群地过大家庭生活，而是以一夫一妻组成的小家庭生活，而幼长臂猿也会跟随在父母身边。

很少有动物可以像长臂猿一样毫不费力地在树冠层间摆荡。它们悬挂在树枝下，然后用强壮的手臂往前摆荡前进，这种横越树冠顶端的方式，是长臂猿独有的特技，其他灵长类都没办法像它们一样，往树冠层间如此快速且敏捷地移动。

然而，长臂猿的高空林间摆荡也不是没有风险，当树枝断裂或间距没掌握好的话，就会有意外发生，大多数长臂猿一生中都曾有过骨折的经验，甚至有些还因重伤而丧命。我曾经在一个保护区的河床上，目睹长臂猿的遗骸，根据向导的推测，应该是前几天为了抢地盘打架时，从树上摔落致死！虽然长臂猿的失手可能会致命，但还是远不及人类的毒手可怕，宠物市场的觊觎、栖息森林的破坏，都可能让长臂猿的雨林"晨歌"完全从森林里消失。

开花果橙红的果实香香甜甜，长臂猿无法抵挡它们的诱或 要在雨林里寻找长臂猿的踪迹，就要先搜寻哪里有果树

长臂猿悬挂在树枝下，然后用强壮的手臂往前摆荡前进，这种横越树冠顶端的方式，可以说是神乎其技。

长臂猿的超长手臂让它可以在树上来去自如。它们睡觉不筑巢，直接躺在树干上，并用手紧紧抓着一旁树枝以防失足。

Chapter 3 Wild Borneo

胡须怪客

Bearded Pig

　　还记得我第一次到婆罗洲，为了前往一个位于河口、没有陆路可通的国家公园，我们搭着木船。在一阵颠簸之后，船夫示意我们下船，可是不是还没靠岸呢？原来，那天正遇到大退潮，船进不了码头，一行人只好认命地卷裤管、脱鞋子，把所有的器材上肩涉水上沙滩，顶着艳阳狼狈地跋涉了半个小时，这时有个伙伴看到远处的泥滩上有一只动物，嚷着要大家看看那是什么，有人说是狗，还有人说是犀牛，一堆人七嘴八舌说不出个所以然，这时候我从背包拿出长镜头，一对焦，你猜你看到什么？一头长得很

奇怪的"山猪"！我是不是晒昏头了？在海边看到猪已经够奇怪了，更何况它的脸上还长着长长的胡须！

　　等我们一行人慢慢靠近，终于看清了它的模样，它从眼睛下方到口鼻处都长着长长的卷毛，看起来有些滑稽！这只长相特殊的动物是婆罗洲须猪（*Sus barbatus*），较长的头部和布满触须的下颚以及嘴上端两旁的肉突是其最大特征，由于它们喜欢在泥中打滚，因此泥色也常决定它们的外观颜色。它们能够适应从海岸到热带森林的各种生态环境，这也是在海边也能看到它的原因！

婆罗洲须猪是杂食性动物，吃土中的植物根、真菌与无脊椎动物。记得有一年，我回到那个国家公园，看见园区前方的草地好像被挖土机翻过，我询问工作人员，才知道那一年因为很久没有下雨，森林里的食物短缺，婆罗洲须猪发挥了惊人的挖掘能力，几乎翻遍整个园区的草地寻找食物！

婆罗洲须猪是婆罗洲当地原住民最常捕猎的野生动物，甚至可以追溯到40 000年前，在沙捞越的尼亚石洞里，考古学家找到了大量的生物遗骸，而其中大多是胡须猪被宰杀之后留下的。虽然婆罗洲须猪在婆罗洲已经被立法保护，却难敌盗猎者的追杀，目前想要在山里看到它，只有在几个保护区还有机会。我常常会找机会回保护区里看看这些可爱的老朋友，看看它们是否还在。我常暗自祈祷，

希望它们够聪明，不要走出猎人虎视眈眈的保护区界线外，更希望它们的子孙都能够在这片热带雨林里快乐地生活！

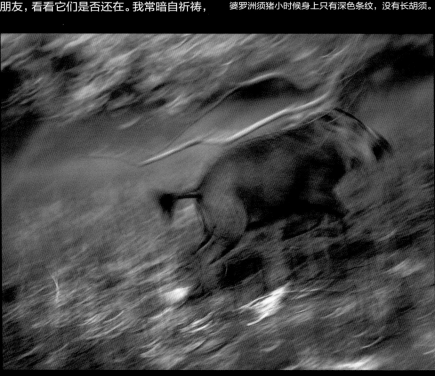

婆罗洲须猪小时候身上只有深色条纹，没有长胡须。

婆罗洲须猪虽然体积庞大，但遇到危险时，奔跑速度非常快。

在食物短缺的旱季，婆罗洲须猪会挖掘草地，寻找藏在地底的植物根茎甚至昆虫来果腹。

雄性婆罗洲须猪露出长长的牙齿威吓对手，它们常为了抢地盘而大打出手，尤其是在雌性发情的时候。

丛林追鹿
Deers

　　和许多地区一样，婆罗洲的鹿类也是猎人们觊觎的蛋白质来源，因此要在白天见到它们实在是难上加难。我第一次遇见最大型的水鹿（*Rusa unicolor*），是在满月的丹农河河床上，一群水鹿趁着夜色掩护，在河床上喝水觅食。在手电筒的照射下，一双双反射出红光的水鹿眼睛散布四周，有公鹿、母鹿和幼鹿，初步估计这群水鹿有 20 只之多。第一次

在黑夜里与大型的水鹿近距离接触，着实让我兴奋不已。而婆罗洲热带雨林里最小型的鹿——鼷鹿（Tragulidae）体形就娇小许多，比起身高约 120 厘米、体重 100 千克以上的水鹿来说，它们真的十分迷你，鼷鹿身高大约只有 20~30 厘米，体重也仅约 3 千克。这么小型的鼷鹿在保护区木屋旁出没时，还曾经让与我同行摄影的友人误以为保护区养了几只小狗！

鼷鹿体型小，四肢超细长，与身体不成比例，但这正是它在丛林中奔跑的利器！只要察觉环境有异，它会先在原地静止不动，或卧伏在草堆之中将自己伪装起来，直到确定逃生路线后，一溜烟儿似的飞奔而去，消失得无影无踪。因此在野外想要拍到一张它的照片，你得与它斗智，而且非常耗时！

在马来西亚的民间传说中，鼷鹿一直是个狡诈的家伙，常常以智力胜过比它强大的动物，有一个它和鳄鱼的古老故事至今还流传着。鼷鹿发现河的另一边有一棵果实累累的红毛丹树，不会游泳的它想到了一个办法，告诉鳄鱼说国王派它来数河里的鳄鱼数量一共有多少只。鳄鱼们相信了鼷鹿的话，整齐地沿河排列成一排，狡猾的鼷鹿便如它所期望地跳到鳄鱼的背上一只接着一只数，于是就轻易地跨过鳄鱼搭成的桥，到对岸去享受它最喜爱的水果！虽然被冠上狡诈的称号，鼷鹿却也因为绝地逢生的机智与坚韧的生命力，而成为马来西亚马六甲州的州徽！不过许多当地人都不曾见过鼷鹿的真面目，因为适合鼷鹿生活的栖息地已经越来越少了！

很喜欢听婆罗洲的朋友讲这里的动物故事，我相信只要雨林还在、鼷鹿还在，这些有趣的乡野故事就会不断地在这片热带雨林里流传下去！

体型不小的水鹿在夜色掩护下外出觅食。

别看细腿的鼷鹿身形娇弱，嘴里可是有一副尖细的犬齿。平时都躲藏在灌木丛中，褐色的体色让它有了很好的伪装。

小齿狸（ *Arctogalidia trivirgata* ）

夜间秘密客

Nocturnal Animals

比起白天的婆罗洲雨林，有着各种虫鸣、蛙鸣与不知名生物伴奏的雨林之夜，可是一点儿都不逊色，甚至可以用"充满活力"来形容。

这里的夜晚是猫科（Felidae）和灵猫科（Viverridae）动物的出没时间。婆罗洲热带雨林里的猫科动物扮演着掠食者的角色，除了大型的云豹（Neofelis nebulosa）以外，体形略小的豹猫（Prionailurus bengalensis），也是让小动物们闻之色变的夜间猎手！而灵猫科的大灵猫（Viverra zibetha）是这里的动物明星之一，它虽其貌不扬，却因为"便便"而身价高涨！

大灵猫又名麝香猫，在吃了咖啡的果实之后，会排出剩下硬壳咖啡豆子的便便。据说这种咖啡豆经过洗涤烘焙后，泡出来的咖啡有种特殊的异香，受到许多人的喜爱！大灵猫应该没想到，在这拥有众多动物明星的岛屿，自己可以因为便便一举成名！

豹猫躲藏在灌木丛中准备捕食啮齿类动物。

灵猫科的动物外形，乍看之下与狐狸有些神似。一个朋友曾在一棵大树上，看到两只小动物在互相追逐。他绘声绘色地说，这两只动物的模样好像传说中的狐仙，还能在树上轻盈地跳跃！为了追根究底，我拿着手电筒搜寻整片林子，终于在两层楼高的树上看见一只友人口中的狐仙，那是一只小齿狸（*Arctogalidia trivirgata*），正在觅食的它完全不理会我的灯光干扰，继续享用它的果实大餐！在此地几种灵猫之中，缟狸（*Hemigalus derbyanus*）是我认为"最时髦"的一种，因为它棕色的皮毛上还有一圈一圈黑色的线条装饰，有种与老虎类似的奇特美感！

正在树上吃果实的小齿狸。

缟狸棕色的皮毛上还有一圈一圈黑色的条纹，跟老虎身上的斑纹有点儿像！

豹猫的体形跟家猫差不多，身上
有云豹般的美丽花纹。

WESTERN TARSIER
Tarsius bancanus

The tarsier, which lives in a small family group, jumps from tree to tree. Its bulging eyes allow it to spot its prey in the dark. Flattened discs on its fingers and toes help it cling to branches.

印象中灵长类动物都是在白天活动的，但是在婆罗洲热带雨林的夜晚，也有只在夜间出没的灵长类动物，那就是有着大大眼睛的眼镜猴（*Tarsius bancanus*）和懒猴（*Nycticebus coucang*）。

要在婆罗洲雨林里找到眼镜猴的踪影，实在太困难了，十几年来，我只有一次疑似目击的记录。那是在一个拥有原始雨林的保护区密林里，那个环境除了细小的树枝，还布满了藤蔓，当时我的手电筒照到了远处枝干上的一只生物，但因为没有动物常有的眼球反光（通常为红色或黄色），让我无法判断它是何许生物。而那只生物就这样从灯光照射处往密林里的树枝间跳跃了几次，短短几秒钟便消失在我眼前。原本以为那是华莱士飞蛙，后来经过证实，那的确是我这么多年来最想看到的眼镜猴！世界上有 5 种眼镜猴，而这种眼镜猴只出现在婆罗洲，它是婆罗洲最小的灵长类动物，重量大约在

100~120 克左右。然而，它并不因为体形小而缺乏运动神经，强而有力的后肢、典型的垂直攀跳方式，让它的移动距离可达体长的 40 倍，在树干和森林底层的小树之间飞跃着追捕猎物。只摄取动物性蛋白质的它们，食物包含蛾类、蝉、甲虫等昆虫，还有蛙和小蜥蜴等脊椎动物，甚至还会捕捉小型的鸟和毒蛇。

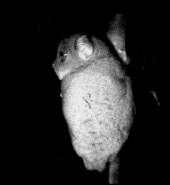

超大的耳朵能辅助它在夜间寻找食物。（安德烈娅·裴 摄）

有着大大眼睛的眼镜猴可以在夜间出没，并用攀跳的方式，在森林底层的小树之间飞跃着追捕猎物。（徐基东 摄）

长相特殊的眼镜猴，拥有世界上哺乳类动物中最大的眼睛，大大的眼睛占据了头部的 2/3，成为其最大的特征。而眼镜猴很难在野外被发现，最主要的原因就是眼球缺乏一般夜行性动物聚集光线的光神经纤维层（tapetum lucidum），所以即使手电筒照射到眼睛时，也不会像其他动物那样反射光线。难怪想要找到它们这么困难！

科学家推测，眼镜猴的祖先可能是日行性动物，后来转变为夜间的生活习性，但因为缺乏那一层感光构造，因此在夜间活动的眼镜猴，眼睛必须变得比其他灵长动物（如懒猴）更大，才能有效地捕捉更多的光线。

眼镜猴在婆罗洲伊班族土著居民的眼中，是不吉祥之物。据说这些有着出草猎头习俗的勇士们，最害怕在森林里遇到眼镜猴，因为眼镜猴的头部可以像猫头鹰一样 280 度地旋转，遇上它，就意味着会被敌人砍杀，头颅落地，因此也有"鬼猴"之称。

由于拥有和眼镜猴类似的大眼睛、柔软的毛和可爱的模样，懒猴成为婆罗洲颇富盛名的物种。几次看到懒猴，距离都很远，看着它们在高高的大树上缓慢地行动着，圆圆的眼睛搭配它的身形，好像可爱的毛绒玩具。懒猴的样子有别于一般的猴类，被归类为"原猴"，意思是指它们有一些特征类似于早期的灵长类动物，但并不代表它们就是最古老的原始灵长类。话虽如此，它们还是保留有一种原始猴子的基本特质，就是懒猴没有相对应的拇指和食指，所以无法像其他灵长类一样灵活地使用指头，只能用整只手去抓取物品。跟它的名字一样，懒猴的生活步调总是十分缓慢，它的前后肢几乎等长，

所以只能用攀爬行走的方式在树枝上移动，而不是像眼镜猴一样灵活地跳跃枝间。但是懒猴在受到惊扰时，却又能够转变成让人意想不到的快速移动，而后顺利逃之夭夭！平时的速度虽然缓慢，但懒猴的嗅觉可是非常好的，常靠着嗅觉寻找成熟的水果和昆虫为食，除了这些食物之外，懒猴因为新陈代谢较为缓慢，也会吃像马陆这一类的有毒虫子，毒素在产生作用和被吸收之前，早已经在体内循环的过程里被中和掉了。它们不但吃有毒的食物，科学家还发现，懒猴还会制造毒素，遇到危险，毒素会从手肘的腺体分泌出来，它们会将毒素吸入口，通过牙齿咬或直接舔到敌人身上！可别小看这动作缓慢的可爱小家伙，它们可是拥有"毒"家手段的高手哦！

因为它大大的眼睛，模样可爱，懒猴成了许多人的宠物。我在森林里搜寻了 10 年，第一次见到懒猴竟然是被关在笼子里的，它无助的眼神让我非常难过

SLOW LORIS
Nycticbus

The slow loris
is nocturnal and
usually arboreal.
Feeds on small animals,
mostly insects, and on
pulpy fruits, including cocoa.
It gets a firm grip from the
positioning of its thumb at right
angles to the other digits.
Much more slow-moving than the
Western tariser, the slow loris allows its
prey to approach before catching
it with its forelimbs.

Chapter 4

丛林飞羽

BIRDS OF THE RAINFOR

我与大鸟对望着，午后斜阳把雄鸟的尾羽照耀得如黄金般闪亮，

它抬起那好似带着蓝色面罩的头部，骄傲地拍着翅膀向我示威着……

犀鸟之乡

Hornbills

如果你来到婆罗洲雨林见到了犀鸟，真是应该暗自庆幸，因为这是大自然特别安排的特殊"艳遇"，当你有机会看到这种翼展超过 150 厘米的大鸟从头顶飞过时，就会知道我为何这么说了。

虽然东南亚和非洲两大区域都有犀鸟的分布，但我认为婆罗洲岛上的犀鸟是我见过的形态与色彩最突出的一群。在马来西亚，有着"犀鸟之乡"之称的沙捞越州（Sarawak），就是以顶着鲜艳红色头冠的马来犀鸟（*Buceros rhinoceros*）作为沙捞越的州徽。造型特殊的它，张开那对大翅膀凌空而过，好似一架有着华丽装饰的战斗机，那滑翔天际的英姿摄人心魄。

马来犀鸟用特殊的鸣叫声呼唤同伴，也宣示领域。

顶着鲜艳红色头冠的马来犀鸟从头顶飞过，拍打双翅所发出的"呼呼"振翅声让人感到震撼。

HELMETED
HORNBILL
rhinoplax vigil

Helmeted hornbill
uncommon in lowland and hill forest.
Has heavy solid ivory bill used in clashes
in flight in territorial disputes.
Look for long tail feathers,
grey with white tip.

马来犀鸟虽然艳丽，但还称不上是婆罗洲雨林里最特殊的犀鸟，盔犀鸟（*Rhinoplax vigil*）才是这片森林的王者。它不但是婆罗洲雨林里体形最大的犀鸟，而且早在明清时代便从东南亚输入中国，当时被称为"鹤顶"（古玩商所称的"鹤顶红"即为此鸟，而另一种传说中有剧毒的"鹤顶红"则是指有红色头部的丹顶鹤），由于盔犀鸟头顶前方的骨骼组织坚硬密实，质地与色泽均不亚于象牙，因此将盔犀鸟头骨割下来经过打磨雕琢，可制成鼻烟壶或是雕刻成有动物或山水人物的艺术品，大量引进中国，这个"鹤顶"的美名让盔犀鸟面临濒临灭绝的命运。

有一次清晨，我在木屋里正睡得香甜，突然听到木屋外传来如同斧头砍树的声响"叩、叩、叩、叩、叩、叩……"，我虽然被吵醒，却不以为意，但那声音越来越大，最后从敲击的"叩、叩"声响演变成"呜……哇哈哈哈哈哈哈"的恐怖笑声！我吓得从床上一跃而起，窗外昏暗迷蒙的天色呈现出诡异的氛围，睡在隔壁床的杨耀也被我的声响吵醒，他睡眼惺忪地笑了几声说："这叫作砍死丈母娘！"原来，这诡异怪笑是盔犀鸟的"起床号"，诡异的叫声也让婆罗洲的原住民为它们冠上了"Burung tebang mentua"（马来语）的称号，意为"砍死丈母娘"，叫声与名字同样惊悚，至于为何砍的是丈母娘，我就不得而知了（丈母娘们，不好意思啊）！

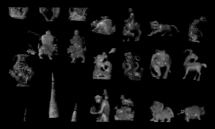

钢盔冠犀鸟头顶骨骼剖下来经过打磨雕琢之后可制成艺术品，因此"鹤顶"这种材料被大量引进中国。

巨大的犀鸟虽然身形美丽，但叫声却不悦耳，不过我还是觉得它们的叫声是婆罗洲热带雨林中最有代表性的声音之一。雄鸟低沉的鸣叫伴着雌鸟高亢的鸣叫声，经过头冠的共鸣，在起飞前高调地宣告着自己即将凌空而过，但这大都是在清晨或黄昏时刻才能够听到的声音。平时走在森林底层的我们，只能听到它们鼓动翅膀凌空而过的"嘶嘶"振翅声。

除了马来犀鸟、盔犀鸟，还有白冠犀鸟（*Berenicornis comatus*）和冠斑犀鸟（*Anthracoceros albirostris*）等有名的犀鸟，婆罗洲一共有 8 种犀鸟，它们各自喜好的"口味"都不相同，栖息环境的垂直高度也有所区别。虽然如此，在沙巴的京那巴当岸河（Kinabatangan River）河岸，这"八大门派"都曾经在这里一起亮相。这也显示，这里的环境可以给各种犀鸟提供多样与充足的食物。但时至今日，巨木一棵棵在人类的手上倒下，想要同时看到这 8 种犀鸟亮相，真的比中彩票还难。

▲ 白冠犀鸟

▲ 花冠皱盔犀鸟（*Rhyticeros undulatus*），左侧黄喉囊为雄鸟，右侧蓝喉囊为雌鸟。

▲ 花冠皱盔犀鸟

▲ 马来犀鸟

▼▲ 冠斑犀鸟

犀鸟通常在树冠层活动，一般独自或成对出现，但结满果实的大树会吸引它们成群聚集，如同红毛猩猩一样，它们似乎也对无花果有着特别的喜好。缀满果实的无花果树就像磁铁一般吸引着犀鸟们从各地飞来共享盛宴。巨大的鸟喙每次都能轻松地摘取一颗无花果，不过将果实送入嘴中之前，它们还会俏皮地将果实抛向空中，然后一口吞下，仿佛在表演一场杂技！一饱口福之后，犀

犀鸟吃果子的时候会将果子抛向空中再吞食。

鸟变身为种子的传播者，是维持雨林生态平衡的重要角色。

讲到觅食的行为，犀鸟还有一个特殊的习惯，雄犀鸟会把果实暂时储存在喉部，等到雌鸟飞近身边时，便将果实吐出喂食，大献殷勤！这种甜蜜的举动是犀鸟为了繁衍后代所表现的默契喂食练习。犀鸟在繁衍后代时，会寻找合适的树洞，将巢直接筑在洞中，雌犀鸟产卵之后，便直接住在洞中，雄鸟从外衔回泥土敷在树洞口，雌鸟则吐出黏液掺进泥土中，连同树枝、草叶等混成黏稠的材料把树洞封起来，最后仅留下一个能让雌鸟伸出嘴尖的小洞。

这个过程完成之后，才是雄鸟身负重任的开始。在外的雄鸟负责寻找食物并通过小洞喂食孵卵的雌鸟，待小鸟孵出后，做父亲的更增添了喂养娇妻与幼子的双重责任，这辛苦的繁衍方式必须经历100天左右的时间，是鸟类世界相当特殊的行为。但比起繁殖过程的艰辛，对婆罗洲犀鸟来说，要找到一棵适合的大树而且刚好有能够塞进一只大鸟的树洞，才是件难上加难的事情。

雄犀鸟把果实暂时储存在喉部，等到雌鸟飞近身边时再将果实吐出喂食，这是为了让雌鸟建立信任。

"一夫一妻制"的犀鸟在开始繁衍育雏之前，会形影不离地建立良好的默契与信任，为特殊的繁殖方式做准备。

有些人把中南美洲的巨嘴鸟误认为犀鸟，尤其是一些描述热带雨林的影片，常发生婆罗洲的红毛猩猩与巨嘴鸟同台演出的荒谬情景！其实，巨嘴鸟是不会到婆罗洲的，虽然巨嘴鸟与犀鸟都生长在热带雨林，也有相似的树洞筑巢繁殖习性，但两者并不同科，也没有亲缘关系。就像华莱士的生态地理学，这是因为地理阻隔造成各个大陆发展出生态地位相等、样貌与身体机能相似的生物，所以不要再把这不同区域的两种生物混为一谈了！

犀鸟在婆罗洲有着特殊的地位，不但被选为州鸟，当地伊班族（Iban）土著居民还把犀鸟当作骁勇善战的"战神"，族里的勇士都要学会跳"犀鸟舞"。在他们居住的古老长屋里，还保留着以犀鸟形象为主体的雕像，他们认为犀鸟守护神

能保佑伊班战士出草猎人头时骁勇善战。

而每当我听到伊班犀鸟舞的锣鼓声响起，都会想到婆罗洲犀鸟正面临家园破灭的艰难处境，虽然贵为"守护神"，但它们能否像战士一样英勇出征，为自己的生存而战呢？

婆罗洲土著民长屋内所悬挂的犀鸟守护神雕像。

伊班族土著居民把犀鸟当作骁勇善战的"战神"，族里的勇士在出征前跳"犀鸟舞"祈福。

RHINOCEROS HORNBILL

Hornbills are a family
of bird found in tropical
and sub-tropical
Africa and Asia

Hornbills & Toucans
have similar features,
but are found in totally
diffirent parts of
the world.

TOCO TOUCAN

Toucan is found in semi-open
habitats throughout a large
part of central and eastern
South American.

中南美洲的巨嘴鸟（下）常被当作婆罗洲的犀鸟（上）。

虽然巨嘴鸟与犀鸟都生长在不同的热带雨林，但两者并不同科，也没亲缘关系。

丛林舞者

Pheasants

　　到婆罗洲伊班族原住民的长屋里做客，男长老跳着传统的犀鸟舞欢迎我们，一段充满力与美的舞蹈之后，伴奏的锣鼓声还未歇，一位妇女漫步出场，手掌不断地轻柔旋转，我问了好友杨耀这个表演是什么象征，"雉鸡，她模仿的是雉鸡求偶的舞步"，雉鸡？我狐疑了一会儿，追问道："哪种雉鸡会跳这种舞？"他指指男长老帽子上装饰的羽毛，回答我："阿尔戈斯"！仔细观察那根约 90 厘米长的大羽毛，上头有着一排将近 20 个像眼睛的纹路，这让我十分惊奇，这是我从未见过的美丽羽毛！第二天清晨，

他带着我到后山一条山径上，那个区域直径大约 5 米，看起来好像被人清扫过一样，十分平坦。"这应该是阿尔戈斯雄鸡的表演舞台！它会带雌雉鸡到这里，然后跳舞给雌雉鸡看，跳舞的时候还会张开飞羽展示羽毛上的美丽花纹。"他说。这种大型雉鸡叫作 Great Argus，也就是大眼斑雉（*Argusianus argus*），头部到尾端长约 150 厘米，原来它就是我们所说的"青鸾"，而青鸾就是中国古代传说里的"凤凰"。《山海经》里所描述的"有鸟焉，其状如鸡，五采而文，名曰凤凰"就是它。

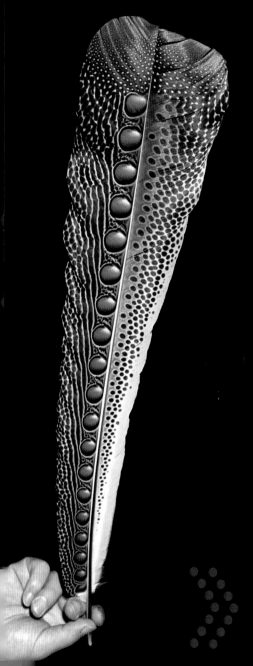

原来，传说中的凤凰就住在婆罗洲热带雨林里！在原始森林里行走，常有机会听到它的叫声。由于它的警觉性高，虽然体型大，但是动作轻盈，总是悄悄在森林里现身，每次遇见它总是匆匆的惊鸿一瞥，我常为此气得跳脚！

这让我想到友人曾告诉我的马来西亚谚语"bagai kuang memekek dipuchok gunung"，意思是说"山上的遥远雉鸡鸣叫声，就像一个充满爱意的人，迫不及待地想见到心爱的人，像一种无可救药的渴望！"说得明白一些，就是"别傻啦！"

我朋友段世同的经历就让人羡慕，他在天还未亮的清晨就轻装上山，走到步道中段，发现云雾林间大眼斑雉的身影，雉鸡也察觉有异，双方都静止不动，这时他便慢慢地蹲下观察。接着，有趣的事情发生了，大眼斑雉将自己的头藏在树干后头，一动也不动，就这样两者僵持了快半个小时，直到大眼斑雉松懈下来，走出树干觅食，段兄才悄悄拿出口袋里的傻瓜相机，拍下了几张绝世之作！从他拍摄的照片看起来，把头藏在树干后的阿尔戈斯雉鸡身体与森林底层的板根似乎融为一体，侧边的深色羽毛像极了板根的阴影部分，不注意看，真的会忽略它的存在！这些照片不但让我羡慕不已还让我见识到了大眼斑雉的特殊伪装术实在让人啧啧称奇！

左图：大眼斑雉的飞羽非常长，而且美丽，上面有着一排将近 20 个好似眼睛的圆形斑纹。

右页图：仔细看一下，大眼斑雉身上的羽毛斑纹是不是很快让它跟环境合为一体了。（段世同 摄）

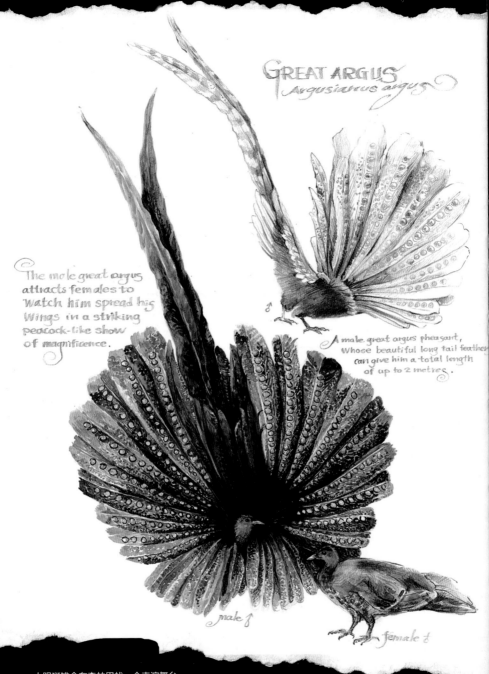

GREAT ARGUS
Argusianus argus

The male great argus
attracts females to
watch him spread his
wings in a striking
peacock-like show
of magnificence.

A male great argus pheasant,
whose beautiful long tail feathers
can give him a total length
of up to 2 metres.

male ♂

female ♀

大眼斑雉会在森林里找一个表演舞台,
并带雌雉鸡到这里跳舞给它看。跳舞时,大眼斑雉会张开飞羽来展示羽毛上的美丽花纹进行求偶。

长老帽子上装饰着阿尔戈斯雉鸡的长长飞羽。

雄雉鸡的头部与雌雉鸡不同，黑色冠羽毛发较短。

伊班族女孩跳着雉鸡舞，头上戴着闪亮的头冠装饰，与雌雉鸡头部的羽毛造型十分相似。

我在婆罗洲追踪过的另一种雉鸡是凤冠火背鹇（*Lophura ignita*，又称婆罗洲赤腰鹇），第一次看到它时，午后斜阳把雄鸟的尾羽照耀得如黄金般闪亮，我躲在树后头欣赏它的英姿，每按一次快门，正在觅食的它就抬起那好似带着蓝色面罩的头部观察着何处发出怪声，而我就跟着它慢慢地移动，它带着雌鸟穿越一片灌木丛到了河床上，钻不过去的我只能眼巴巴在这边偷拍它们悠闲的河畔漫步，不一会儿，两只头尾将近 70 厘米的大雉鸡就消失在河边。

就这样，连续两天，每次跟踪它们到河边，都跟丢了！直到第三天，我换了一个角度观察，发现大雉鸡到了河边的一个转角，便展翅飞向 20 米远的对岸树林中！我才突然想起："对哦，雉鸡也是会飞的啊！"那晚，我就与一群伙伴到对岸去寻它们的踪迹，搜寻了好一阵子，最后在将近 4 米高的树上，发现了正在睡觉的大雉鸡！

这些年在雨林里我总是幻想着，如果有一天，能在森林里遇见雄的阿尔戈斯雉鸡，而它正在跳着求爱之舞，那该有多好！每次说出这个想法，朋友都笑我说："你变成一只雌的阿尔戈斯雉鸡，愿望就会很快实现！"确实，要想在丛林里遇到雉鸡，实在非常困难，要花费相当多的时间与耐心去等待，因为它们是"害羞一族"，只要有轻微的风吹草动，它们就会马上隐身起来。如果还有这样的机会，为了那曼妙奇异的舞姿，我仍愿意花时间等待！

如黄金般闪亮的尾羽是凤冠火背鹇雄鸟的特征。

凤冠火背鹇的体型比鸡大一些，但飞行能力一点儿都不逊色。　　在夜晚，凤冠火背鹇会飞到树上睡觉。

两只有着金黄尾羽的雄凤冠火背鹇，在河床上一前一后地保护着两只褐色的雏鸟。

雨林精灵
Birds

只要你有机会造访婆罗洲，无论身处海边、高山、河流、森林，每天早上都一定会在群鸟鸣叫的晨歌中醒来。婆罗洲拥有相当丰富的鸟类资源，不要说鸟类的总体数量，光是知名的鸟类就多得数不清！

中南美洲的热带雨林里有蜂鸟飞行采蜜，婆罗洲也有许多身形与蜂鸟相似的太阳鸟栖息在此。

有着长长嘴巴的太阳鸟也是雨林里的采花使者，体形娇小的特氏太阳鸟（*Aethopyga temminckii*）是我见过的色彩最艳丽的太阳鸟，一身鲜红色的装扮，搭配脸庞两道蓝紫色晶亮的线条，实在美丽极了！我决定非拍到它不可，但美丽的它却让我精疲力竭，还险些中暑，大热天扛着 10 多千克的器材在闷热的雨林里狂奔，真的非常吃力，另外，这个美丽的小家伙，只有 10 厘米大！要在枝叶茂密、盘根错节的热带雨林里寻找它，还要适应湿热的环境，真要有超强的耐心与毅力才行，当然，还要忍受蚊虫叮咬，因为瘙痒会让你的手颤抖，拍出失焦的照片！

在台湾地区引起相当大关注的夏候鸟——仙八色鸫（*Pitta nympha*，在台湾被称为八色鸟）主要就分布在婆罗洲，被国际列为东亚地区地区稀有濒危鸟类的它们，只有在每年的夏季飞越海峡北迁到台湾地区避暑，并繁殖下一代。第一次在婆罗洲雨林里遇见它，真是一次特别的体验，因为有伙伴看到一只鸟"肚子好像在流血"，所有人立即闻声搜寻，不一会儿，我见到了这个腹部红色、穿着绿衣好似蒙面侠的八色鸟，虽然在台湾地区我也曾经拍过它的繁殖过程，但与这位我们熟知的"鸟类明星"，在它的雨林故乡相逢，还是让我感到格外兴奋！

仙八色鸫在台湾地区避暑，在婆罗洲过冬。

红色的特氏太阳鸟下颌有两道蓝紫色的线条。

到处吸食花蜜的太阳鸟，弯弯的吻端十分细长。

在雨林夜间观察时，常可以看到树上有小鸟把头藏在翅膀下，呈一个蓬松的毛球状在睡觉，除了保暖也是保命妙招。

婆罗洲还有一种鸟，叫声与体态都十分优美，那就是白腰鹊鸲（*Copsychus malabaricus*），有着长尾巴的它常出现在森林底层较幽暗的树丛中，为了拍摄它，我躲在密林里，这让我捐了不少血给蚊子！不过谁也没想到，辛苦拍摄的白腰鹊鸲，这几年会在台湾地区声名大噪！不过不像八色鸟那样受到喜爱，白腰鹊鸲成了台湾地区鸟类的公敌！因为人们从东南亚不当的进口养殖，过程中造成逃逸，领域性极强的它们在台湾地区已经有繁殖记录，因此也成为被通缉的入侵外来种鸟类！因为人类的私心，把它们带离雨林家园，还让这些生物蒙上不白之冤！真希望大家能够不再饲养鸟类，让这群美丽的雨林精灵可以快乐地生活在自己的家园！

鹊鸲（上）与白顶鹊鸲（下）都原生于婆罗洲。

金枕拟䴕（*Megalaima pulcherrima*） 侏蓝仙鹟（*Muscicapella hodgsoni*） 白眉黄臀鹎（*Pycnonotus goiavier*）

栗头噪鹛（*Garrulax treacheri*） 花彩拟䴕（*Megalaima rafflesii*） 和平鸟（*Irena puella*）

铜蓝鹟（*Eumyias thalassinus*） 黑胁啄花鸟（*Dicaeum monticolum*） 灰卷尾（*Dicrurus leucophaeus*）

大绿叶鹎（*Chloropsis sonnerati*），
黑色与绿色的体色将自己隐藏在绿叶之间。

燕儿要回家

Swiftlet and Nest Soup

　　每次在农历春节前后到婆罗洲沙捞越的首府古晋市，都会看见成千上万的燕子在此度冬，尤其是夜晚的街道上，燕子停栖在电线、屋檐以及颇具南洋风格的窗框上歇息，每次看到它们，都倍感亲切，因为在这里过冬的它们有些是跟我们一样都来自台湾地区，我们乘着飞机飞行五六个小时来到这热带的国度，而身长才17厘米的燕子却是用它的小小翅膀飞行数千千米，远渡重洋而来，每次想到这些，我都对它们充满敬意！

　　燕子只是这片热带雨林的过客，婆罗洲的金丝燕才是让全球华人关注的对象，不是因为它们的模样特殊，而是为了它们筑的"燕窝"。金丝燕分布于东南亚地区，为了躲避天敌，它们会将巢筑于离地数十米甚至上百米的岩洞顶部，繁殖期间雄金丝燕的唾腺会分泌出胶状的物质，似丝线般粘接成半碗形，粘附在岩壁上作

为产卵的巢。我想多了解燕窝的种种，几年前曾与朋友到著名的燕窝产地戈马顿（Gomanton）燕洞探访，黑黑的岩洞内，传出阵阵燕子与蝙蝠粪便的酸臭味，二十几个工人抬着藤制的器材准备采收山洞顶端的燕窝。看着工人踩着用竹子、藤蔓和麻绳搭成的绳梯徒手攀爬到洞顶采集燕窝，我看着那些仅穿着一条短裤的工人爬上爬下，犹如特技表演，替他们提心吊胆，因为在这里，采燕工人失足摔死，时有所闻。

　　在洞口监工的是工人口中的老板，他告诉我说："现在采燕窝都是环保采燕，对生态很好的！"他所说的环保采燕，就是官方会派人观察燕子离巢的时间，如果有七八成燕子已经离巢，他们就会获得许可证进入山洞采集燕窝！我还来不及问他还没离巢的燕子怎么处理，老板就匆匆走入洞里。

的店员告诉我的话："吃燕窝是不会破坏生态的，因为我们会等燕子离巢后再采。燕子若要再下蛋，会再筑一个全新的巢，而此时旧燕窝就会被遗弃，慢慢腐化，这些燕窝会污染洞穴，而且发出臭味，燕子便不会再到这些受到污染的洞穴里繁殖。所以，如果在幼燕离巢后摘取这些燕窝，不但可以帮助燕子不用再到处寻找其他洞穴，还能达到保护环境的作用。"我的心中五味杂陈，因为我注意到黑压压的步道底下，除了蝙蝠与燕子粪便，还零星散落着小燕子的遗体！在人类没有采摘燕窝之前，燕子不是活得好好的，哪需要人类的帮忙？

当我走出洞外，"叔叔你看！"同行的小女生小芸手捧着一只雏鸟来找我，那是一只羽翼未丰的金丝燕，灰色的雏鸟在小芸手中张着大大的眼睛看着我们，小芸不舍地嚷着："怎么办？我要把它送回家！"听到这句话，我的眼泪忍不住

守崖而出。

燕子不是部队，它无法像人类一样通过一个口令来做出同一个动作，离巢的时间怎么可能由人来决定？而商人担心高价的燕窝遭到其他人盗采，要赶在拿到许可证后几天内采收完毕。为满足个人口欲，鸟儿何其不幸？而人类却以生命相抵，铤而走险地卖命采集。这样的燕窝珍馐，您能轻松食之？

工人在高耸的岩洞中攀爬绳索，到洞的最顶端挖取燕窝，过程非常惊险。上图这一小盒燕窝要卖 1 000 多元，有利可图之下，难怪商人愿意铤而走险了。

看着小芸手中的小金丝燕，想到它再也无法平安长大，我忍不住热泪盈眶。其实，除了去洞穴采燕窝，东南亚目前还风行一种"燕子公寓"，就是盖一间房子吸引燕子在里头筑巢，除了可以让燕子有更多的栖息地以外，商人也不用因为怕其他人盗采，而不管有没有燕子离巢全部一次抢收，这倒是一个对燕子与商人来说都有好处的方法，但其功效就要靠时间来验证了！希望这个发明能稳定而成功，这样，热带雨林里的金丝燕就不用担心找不到自己的家了！

奇花异草

SINGULAR PLANTS TO THE RAINFOREST

如果你问我走在婆罗洲雨林里的感觉，我会告诉你："暗潮汹涌！"

植物的各种奇特景象，让走进雨林的人终生难忘。

绝命特务

Struggle
for Existence

　　如果你问我，行走在婆罗洲雨林里的感觉，我会告诉你四个字："暗潮汹涌！"

　　藤蔓、缠绕榕、巨大板根等奇特景象，让第一次走进雨林的人终生难忘。热带雨林的植物虽然不会说话，但是你争我夺的戏码，在这个热带丛林里，从来没有停止过。植物各怀鬼胎，发展出各式各样的形态以利生存。藤蔓就是借着高超的攀爬技巧，沿着大树树干爬上枝头，为的是争取顶上的阳光，进行光合作用，所以在这里，你会看见森林里到处挂满藤蔓！有些粗大的藤蔓横在地面上，好似丛林巨蟒，模样有些吓人。爬满森林的藤蔓也是许多动物的空中行道，如果没有它，电影里的"泰山"也无法在树梢自如地穿梭！

比起藤蔓的攀爬技术，桑科榕属植物（*Ficus* sp.）的缠绕方式更是高超，它们的榕果是许多雨林生物赖以为生的食物，许多动物例如鸟类、猿猴吃了它们的果实后，种子便随着这些在树上移动的动物在树冠层排便时，搭便车登上了大树，在树冠上发芽。它们的生长速度极快，沿着被寄生的大树树干向下伸出长长的根系，一路下到地面，从泥土中汲取养分，也固定自己。这时，它们在树梢上的小苗已经有了大树的态势，不断往上生长，并与寄主树共享阳光。其实这看似和谐的景象，根本就是谋杀的开始！桑科榕属植物一开始就用它细小的枝条缠绕着寄主的树干，随着时间演变，植物长大到一定程度后，寄主的大树被越来越粗壮的枝条缠绕，直到最后吸收不到阳光与养分而死亡，这时这棵处心积虑的榕属植物就算位成功了！这种踩着别人头顶往上爬的现象，在这片雨林里天天都在上演。

等到被桑科榕属植物缠绕的寄主大树死亡时，榕树就取代了原来大树在雨林里的位置。

热带雨林到处布满了各种大小藤蔓，藤类植物借由攀爬其他大树，来获取树冠上的阳光。

等到寄主植物被缠绕死亡，榕树也长成了大树，高耸的树冠露出外露层。不过，这棵大树却在 2007 年遭到雷击而断成两半，正所谓"树大招风"，植物间的竞争真是"暗潮汹涌"。

藤蔓与缠绕榕用尽心机在“搏”阳光、“搏”生存，婆罗洲热带雨林真正的主角龙脑香科（Dipterocarpaceae）植物，却是用长高和飞行的种子来取胜。它的拉丁名 Dipterocarpaceae，意思就是长有双翅的果实，龙脑香科树种可以长到 80 米以上，是婆罗洲热带雨林的重要树种。龙脑香的树干高耸笔直，树冠浓密，因此在婆罗洲搭飞机向下俯瞰时，可以见到它那花菜般的树形。由于比其他的树木都高，龙脑香在树干的基部发展出巨大的板根，让它们可以稳固地屹立在地面，不至于倒塌。龙脑香科树木因为具有半透明结晶状的芳香树脂而得名，这种树脂自古被拿来作药用、熏香以及造木船时的黏合剂，同时也可保护本身的嫩叶，不让雨林的哺乳动物如红毛猩猩、鼯猴、叶猴等啃食。

龙脑香树最让我感兴趣的是它的“飞天种子”，它们的种子都长有长长的翅膀，看起来很像毽子，翅膀因种类而不同，有 2~5 片。有的种子还可达 30 厘米左右，十分巨大，有些原住民采集大型的龙脑香种子来榨油。

种子长出翅膀是为了靠“飞行”来延续种族的生命，龙脑香的种子从树上落下时，会不断地旋转，模样非常漂亮。龙脑香为了飞越山川与海洋，翅果的承载力以及飞行能力都远超我们的想象！有一种当地人称为 gading（意即翅果）的种子，让我念念不忘，因为它除了有长长的翅膀，还发展出侧边突起的中空构造，造型十分优美，我好奇地测试它飞行的方式，除了正常的旋转落下，遇到侧风时，侧边突起的中空构造还能使它平行移动，这样的设计可以和人类的工业设计相媲美，见识到上天如此精良的设计，我这个设计师可是甘拜下风，佩服之至！

攀藤、缠绕、谋杀、飞行等种种不可思议的奇特生态，雨林植物各个都化身成绝命特务，执行着生存的艰巨任务！看到这里，你应该了解我为何用“暗潮汹涌”来形容这片热带雨林了吧！

婆罗洲热带雨林由龙脑香科植物构成了一片美丽的原始森林。

被称为"加汀"（gading）的翅果不但能垂直旋转，还能侧向平移飞行。 有些翅果体积相当大，好像一个大毽子。

龙脑香树种类众多，约 5~7 年才开一次花结一次果，结果时满树的红色翅果，让整片绿色雨林增色不少。

巨大的板根是雨林里常见的风景。

Singular Plants to the Rainforest

树干生花

Cauliflory

　　2006 年的夏天，我一如既往地和几个伙伴进入雨林寻找大王花，搜寻了整个区域只找到零星的花苞，又热又累的一行人正准备休息时，看到前方的树林里成堆的树木之中，有一个树干是红色的，我以为自己眼花，急忙穿过林子察看，才发现那是一根开满红花的树干！

　　眼前的景象让我惊讶不已，这个树干从上到下好像被人刻意插上一朵朵鲜红的花，在这片绿色丛林中显得突兀又诡异！在婆罗洲的低地雨林里，也有在枝端开花的树种，但通常它们都是长得又高又大的树，因为没有其他树木的遮蔽，因此可以在高空开满整树的花朵，吸引动物与昆虫来帮助授粉。但有些树木长不了这么高，抢不到"制空权"，因此就发展出另一种开花形态——从树干上直接开出花来，这种开花方式就是所谓的"干生花"，长在树干上的花朵可以吸引更多生物帮忙授粉，当然这一类的树木，结的果也是直接从树干长出来的"干生果"，像榴莲、菠萝蜜等著名的热带水果，都是这一类的结果方式，树干上的果实成为动物的食物，对植物而言，也达到了传播种子的目的！

一朵朵鲜红的花从树干上长出来，把树干环绕成红色。

从树干上直接开花的干生花，树干上的花朵比较低，可以吸引更多生物帮忙授粉，是热带雨林的另一个特殊现象。

这一类的树木，结果也是"干生果"，比如榴莲。有些果实就成为动物的食物，常常可以看见猴群在树干上大快朵颐！

甜蜜陷阱

Pitcher Plants

在婆罗洲这片神奇的土地上，似乎没有什么事是不可能发生的。森林里的"小瓶子"，也是多年来让我百看不厌的植物之一。这个神奇的小瓶子就是我们熟知的食虫植物——猪笼草，猪笼草是中国人帮它取的名字，我比较喜欢当地土著人的叫法——"猴子杯"。据传旱季雨水减少时，猴子会喝瓶子里的水来解渴！我倒是没见过这样的情景，但光想象一下就觉得十分有趣。婆罗洲的猪笼草种类不少，最小的捕虫瓶大约只有 2 厘米，最大的则有一个足球大；有些猪笼草在马路边就可以见到，有些却生长在悬崖峭壁上，虽然不同种类的猪笼草生长条件差异很大，但它们生长的地方都有一个相同的特征，即土地十分贫瘠。

猪笼草有着跟其他植物不一样的外观。因为土地的养分不足，猪笼草的根部在土壤里无法吸收到养分，只能起到固定植株和吸收水分的作用，因此叶子尖端便特化出瓶子状的容器，吸收养分的工作就交给这个特殊的捕虫瓶来完成。

由叶子特化的捕虫瓶，因种类不同、生长的地方不同，而有不同的外观，每个瓶子里都装有植物体分泌的消化液，捕虫瓶的腺体会分泌糖蜜吸引饥肠辘辘的昆虫进入瓶中，滑溜的瓶壁是让昆虫落水的推手，待昆虫溺毙之后，电影里恐怖的"溶尸"情节就发生了，消化液会将昆虫的尸体溶解，溶解之后的养分再借由瓶壁吸收，供植物生长！

植物吃虫的情节光是想象就让人惊悚！但老天爷巧妙的设计不止于此。为了避免雨水灌流入瓶中稀释消化液，每个瓶子上方都有一个半掩的盖子用来阻挡雨水，真是考虑周到！

豹斑猪笼草（*Nepenthes burbidgeae*）

透过光线可以隐约看到瓶子里的消化液。

因为土地的养分不足，猪笼草的根部在土壤里无法吸收到养分，因此叶子尖端便特化出瓶子状的容器

猪笼草的瓶子里捕获了各式各样的虫子；一旦瓶中的消化液被雨水稀释，蚊子幼虫便开始在瓶子里生活，而瓶子也无法捕虫了。

但也不是每一种猪笼草的瓶子都适合捕虫，像生长在北婆罗洲基纳巴卢山上的劳氏猪笼草（*Nepenthes lowii*），就因为它的瓶盖与瓶身展开角度极大，不具备阻挡雨水的功能，又因为生长在高海拔森林，它的食物来源——昆虫十分稀少，因此瓶子的功用就引起科学家的好奇心，调查后发现，原来这高山上的瓶子并不是捕虫用的，而是"厕所"！研究人员在瓶子里发现许多动物的排泄物，进而发现它的瓶盖上会分泌一种糖蜜，这糖蜜不但很难取食，位置也十分特别，让前来舔食的树鼩必须像人类坐马桶一样，坐在瓶子上方，当树鼩长时间舔食糖蜜，想排泄时，排泄物自然落入瓶子之中，而猪笼草也顺利地取得了它想要的养分！

用"生命自然会找到出路"这句话来形容猪笼草再恰当不过了！猪笼草在逆境中演化出来的求生方式，真的让人不得不感叹上天造物的奥妙！

二齿猪笼草（*N. bicalcarata*）会分泌蜜液吸引昆虫

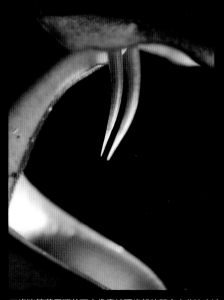

二齿猪笼草用瓶差下方像毒蛇牙齿般的器官来分泌蜜液

莱佛氏猪笼草（*N. rafflesiana*）的蜜腺吸引蚂蚁前来

Nepenthes lowii, a pitcher plant found in Borneo. It gets its nutrition not from insects but from tree shrews, which use the plant as a toilet. tree shrews visit the plants to feed on the nectar that secretes from the bowl's open lid, positioning themselves directly over the bowl.

The feces of tree shrews provides nitrogen to Borneo pitcher plants.

劳氏猪笼草瓶盖上会分泌一种糖蜜，
这糖蜜不但很难取食，位置也十分特别，让前来舔食的树鼩必须坐在瓶子上方长时间舔食糖蜜，
想排泄时，排泄物自然落入瓶子之中。

▲ 莱佛氏猪笼草，树上型捕虫瓶。　　　▲ 白环猪笼草（*Nepenthes alboimarginata*）　　　▲ 两眼猪笼草（*Nepent*

▲ 莱佛氏猪笼草，地上型捕虫瓶。

wardtiana） ▲ 奇异猪笼草（*Nepenthes mirabilis*） ▲ 马来王猪笼草有着世界上最大的捕虫瓶。

▲ 马来王猪笼草（*Nepenthes rajah*）

Chapter 5 Singular Plants to the Rainforest

雨林大王花

Rafflesia

大王花，又称为尸花，是世界上最大的花。"还没来到婆罗洲之前就看过这样的报道，让我对这种传说中的植物好奇不已。为了寻找这种热带雨林里的大花，每次都得跋山涉水，但要正好遇到它的开花时间，除了要有在湿热雨林里跋涉的耐力，也要有些运气，10多年的造访，我只见过3次盛开的花朵，想要在雨林中一睹大王花开花的风采，真是可遇而不可求。

大王花在分类上自成大花草科（Rafflesiaceae）一科，属于寄生性植物，拥有植物世界中最大花朵。大王花非常奇特，全身上下除了花朵之外，只有部分组织分布在寄主植物崖爬藤（*Tetrastigma sp.*）的体内。它们没有根、茎和叶片等构造，只有丝状组织在寄主身上吸取所需的养分。

大王花的寄主植物——崖爬藤。

皇子大王花（*Rafflesia tuan-mudae*）生长在布满巨石的山林中，造访大王花必须要跋山涉水

生长在巨岩旁边约 30 天左右的花苞　▶▶▶　　　　　　　约 45 天的花苞　▶▶

约 180 天左右的花苞　▶▶▶　　　　　　　约 240 天左右的花苞　▶▶

约 300 天左右即将开花的花苞　▶▶▶　　　　经过大约 300 天左右，大王花终于盛开。

大王花中心的盘状体，子房就藏在盘状体的下方。

大王花会散发出腐臭味，吸引苍蝇上门帮忙授粉。

▼▲ 沙巴基纳巴卢山的凯氏大王花（*Rafflesia keithii*）也吸引了大群苍蝇。

大王花从产生花苞到盛开，就像母亲怀孕一样，必须经历大约 10 个月左右的生长期才能开花。虽然我并不是每次都能见到盛开的大王花，却在巨石群布的雨林秘境之中，看到了各个时期的大小花朵。大王花的花朵直径将近 1 米，不但巨大，构造也十分独特，和其他植物的花朵全然不同。花朵上方有 5 片花瓣状的鲜红色萼片围绕着中央凹陷的盘状体，雄花的花药和雌花的子房位于盘状体的内侧，不过从外观是无法分辨雌雄花的。雌雄异花的大王花，雄花与雌花要同时开花，才能完成授粉。

用"尸花"来形容大王花，乍听之下让人毛骨悚然，也能引起许多遐想。我第一次见到刚盛开的大王花时，急着大吸一口气，空气里仅有淡淡的腐烂气味，让我有些失望！这与书上夸张的描述实在有些差异，非亲鼻所闻，无法了解！

仔细观察大王花，花朵中心的盘状体上有着锥状突起，科学家推测这可能与集中热能有关，用以加强花朵散发出的腐肉味道，吸引腐生性的蝇类来帮忙授粉。而种子的传播，则是依靠树鼩、松鼠这类啮齿动物，它们在啃食大王花的子房后，种子附着在牙齿上，待啮齿动物啃咬崖爬藤，大王花的种子就附生在了藤蔓上。不过这都是推论，这些神秘的雨林植物仍有许多谜团尚待解开。

当地马来人或华人也会采集大王花的花苞做药材，但目前最大的生存威胁还是来自于雨林的砍伐以及焚烧林地的农耕方式，让数量不多的大王花更是岌岌可危。神奇的大王花无法人工栽培也无法移植，唯有保存它的栖息地，即长满崖爬藤的热带雨林，才能使它继续生存下去！

大王花仅能盛开一周，一周后会开始发黑腐败。

兰花天堂

Orchids of Borneo

兰花因为高雅的外形和鲜明的色彩，让许多人为它深深着迷。世界上共有25 000多种兰花，而仅仅在婆罗洲这个区域，目前发现的兰花大约就有3 000种左右，其中30%是婆罗洲特有种，由此可知兰花在婆罗洲的密集程度。然而，这仅仅只是大约1/3的发现记录，未被发现的还不知有多少呢！

我的好友野生兰专家林维明曾经与我多次到婆罗洲寻找兰花，经验丰富的他，常常没走几步路，就发现一种兰花，东看西看，让"有眼不识兰花"的我跟着他看得头昏眼花，因为无论在草地上、树上、岩壁上，所有的地方几乎都布满了兰花，可以说，这片雨林就是一个被兰花包围的世界！

兰花的适应能力非常强，除了终年结冰的地方以外，各种环境都能见到它们的身影，而最适合兰花生长的地区非热带雨林莫属，因此这里孕育了多样的兰科植物。根据研究，婆罗洲兰花种类的多样化，主要是来自东南亚最高峰——基纳巴卢山（Mount Kinabalu）的影响。

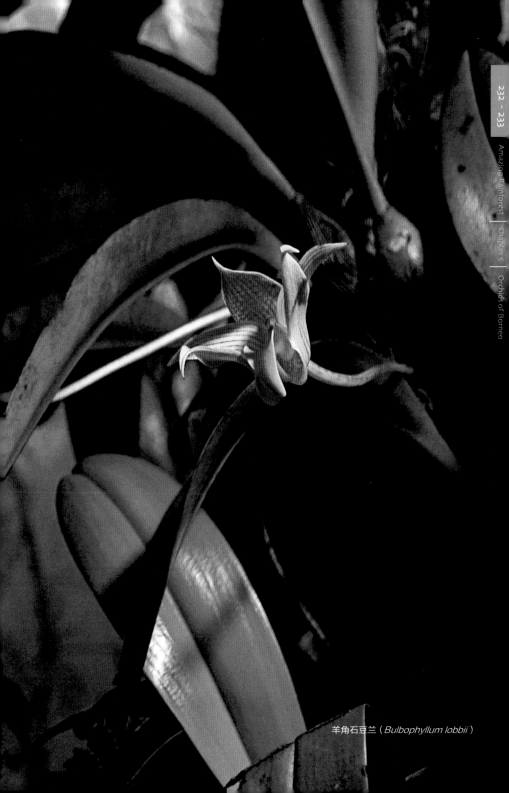

羊角石豆兰（*Bulbophyllum lobbii*）

事实上，基纳巴卢山只是婆罗洲岛上兰花的分布地区之一，它提供了一系列的栖息地和气候带，从低地云雾雨林到山顶覆雪的山峰。不同的地质特性影响了土壤，例如溪谷、沼泽等湿地及裸露的山脊，而这些相同海拔高度的地质特性又衍生出各自不同的微气候带。即使在海拔相同的地方，也有着不同的日照、温度和湿度，这些因素深深影响了微气候。因此山里的气候带分成无数多样化的区域，兰花生长在这些精细的气候划分带上，繁衍出各自不同的样貌与姿态。

婆罗洲的特有种兰花中，有很多都生长在基纳巴卢山上，那里有大约 1 000多种兰花。自古以来，热带兰花的稀有和美丽让许多园艺家和收藏家都趋之若鹜，因此引起很多"兰花猎人"争相采集，这里的兰花在"地下市场"仍然十分抢手，走私和非法收藏现象仍然不断地发生。

我也喜欢兰花，我经常在云雾缥缈的雨林里，遇见一丛散发着淡淡暗香的美丽兰花，那样的感觉让人舍不得将它占为己有，囚禁在自家的人造花园里！因为再也没有一个地方比这个雨林天堂更适合兰花的生长，也更能衬托出兰花的优雅与美感了！

叠苞羊耳蒜（*Liparis lobongensis*）

提琴羊耳蒜（*Liparis pandurata*）

开唇开展兰（*Anoectochilus monicae*）

汤婆婆石斛（*Dendrobium marainaraise*）

海拔 4 000 多米的基纳巴卢山是东南
亚地区重要的兰花分布区域之一

▪ 贝丽娜蝴蝶兰（*Phalaenopsis bellina*）　　　▲ 无香石斛（*Dendrobium anosmum*）

▲ 胡克凤蝶兰（*Papilionanthe hookeriana*）　　　▲ 微毛贝母兰（*Coelogyne hirtella*）

▲ 尖瓣竖唇兰（*Plocoglottis acuminate*）　　　▲ 无底卷瓣兰（*Bulbophyllum lepidum*）

▲ 竹叶兰（*Arundina graminifolia*）　　▲ 白斑铠兰（*Corybas pictus*）

▲ 提琴贝母兰（*Coelogyne pandurata*）

▲ 蜈蚣白点兰（*Thrixspermum acuminatissimum*）　　▲ 绵毛白点兰（*Thrixspermum lanatum*）

▲ 罗斯兜兰（*Paphiopedilum rothschildianum*）　▼ 瘤斑胡克兜兰（*Paphiopedilum hookerae* var. *volonteanum*）

▲ 爪哇兜兰（*Paphiopedilum javanicum* var.*virens*）　　神山兜兰（*Papbiopedilum dayanum*）▲

▲ 帘花贝母兰（*Coelogyne pulverula*）

Chapter Singular Plants to the Rainforest

雨林小伞
Mushrooms

潮湿闷热的雨林地面布满了枯枝落叶，也孕育了许许多多的微小生命，各式各样的蕈类、野菇都在地面上生长着。婆罗洲热带雨林里，不时有干枯的树干倒下，横倒在森林中的树干，因为高湿度的关系，很快腐烂变坏，因此这里成了真菌的天堂。

雨林里除了有我们熟知的类似一把小雨伞的菇菌，也有许多完全颠覆我们想象力的菌类。我最喜欢的是杯子状的毛杯菌，透过林间穿透而下的散射阳光看鲜红色的毛缘毛杯菌（*Cookeina tricholoma*），好像一杯杯盛有红酒的高脚杯，正在森林中开着"party"（晚会）！如果这场雨林"party"不够热闹的话，当地人称"少女的长裙"的菌类更能让派对增添色彩！这个长相特殊的菌类，子托层下垂的白色菌裙，很像一件网状的美丽长裙！也有人称这种菌为"少女的面纱"，当我第一次听到它的名字时，就期待在森林里与它相遇！而当我真的看到它在森林里绽放时，情不自禁地拿着相机频频屈膝拜倒在裙下，只为了一窥美丽少女的真面目；正为它痴迷之际，向导小邱说："这菌类老外称为少女长裙，华人拿它来煮鸡汤！"这一席话，马上把沉浸在浪漫想象里的我拉回现实，原来这就是我曾尝过的竹荪，名为短裙竹荪（*Dictyphora duplicate*）的它，老外给取了个浪漫的称号，华人却只在乎它的美味，真是中外大不同！不过美味归美味，在现场拍摄的时候，这件网状长裙却一点儿都不美"味"，它顶上深褐色的子托层，不断地散发出恶臭，也吸引许多果蝇前来，果然，有些美丽的事物"只能远观，而不能亵玩焉"！

▲ 黄裙竹荪（*Dictyophora multicolor*）   ▲ 鸟巢菌（*Nidula* sp.）里装着它的褐色孢体。   ▲ 黄柄小孔菌（*Micropor*

▲ 可爱的毛缘毛杯菌（*Cookeina tricholoma*）。

nthopus) ▲ 某种粉褶菌（*Entoloma* sp.），粉红色蕈伞十分美丽。 ▲ 某种鹅膏菌（*Amanita* sp.），蕈伞很像饼干。

▲ 细柄干脐菌（*Xeromphalina tenuipes*）

Chapter 5 Singular Plants to the Rainforest

幽幽荧光
Fluorescence

与一整天的潮湿与闷热比起来，夜晚的热带雨林比白天要舒适一些，我喜欢夜探雨林，因为入夜之后的雨林，有我最熟悉的场景，这里的夜晚，光是里头传出的声响，就热闹非凡。

各式各样的鸣叫声此起彼伏，但十多年来我总是无法分辨出哪种是虫鸣，哪种是蛙叫！有时我喜欢听着树林间传来的各式声响，关上手电筒，靠着微弱的光线，在黑暗的森林里漫步，因为我知道常会有意想不到的发现。树冠上的萤火虫发出了微微的亮光，一闪一闪地就像圣诞节的吊灯；丛林下层里，也有另一种不会飞行、外形类似面包虫的萤火虫，身上一排排如小灯泡般的亮点，在落叶堆里发出微微亮光爬行着，这种被当地人称为"星虫"的萤火虫，也为一片漆黑的森林下层增色不少。

除了萤火虫发出的亮光以外，漆黑的森林地上的落叶里有时也会渗出一些零散的绿光，我一开始以为是穿过树冠洒下的月光，但仔细看才发觉是从树叶上发出的。点亮手电筒搜寻，只是很平常的一堆落叶，没有异样，其实这是带有荧光的菌丝的杰作，通常要在大雨过后比较容易遇见。我还看过一条粗大的树藤也布满了荧光菌丝，就像一条在庙里龙柱上发着青光的蟠龙；要看到细小的荧光菌丝的发光，必须先让眼睛适应黑暗，约 10 分钟过后，才比较容易看到那微弱的亮光。

在夜晚发光的荧光蕈，也是这片潮湿多雨的热带雨林里特有的产物，一丛丛的白蕈伞在黑夜里发出黄绿色的光芒，好像一把把立在枯木上的荧光小雨伞，美丽极了。

进入雨林至今十几年来，无数个夜探雨林的夜晚，我都在雨林里搜寻这些发光生命的踪迹，谁说夜晚的森林一定黑暗恐怖？天上的、地下的点点荧光，让雨林的夜晚充满了神秘的色彩，正等着你来探索！

▲ 婆罗洲热带雨林里的荧光蕈因为种类不同，发出的荧光也有些许不同。

▼这种荧光蕈是胶质（如木耳）形态的。

萤火虫发光方式很特别，上图的萤火虫约 1.5 厘米，全身会发光，下图的萤火虫约 6 厘米，尾部会发出荧光。

走进婆罗洲热带雨林

几年前，一个朋友送我一本天下文化出版的绝版书《一头栽进婆罗洲》，描述了婆罗洲的雨林探险，光看书名就觉得好像在说我自己，一头栽进了这个神秘的雨林深渊，不可自拔！就如书中主角说的："在这里，每天衣服干了湿、湿了又干，酸疼的双腿默默地前进，食物不是太辣就是太咸太酸，旅馆不是马桶坏了就是没有热水！"作者的说法，我深感认同，照这样说来，热爱雨林根本是自虐！不过要是能够遇见，甚至拍摄到雨林里的特殊生物，以上所说的苦都一笔勾销了！

蚂蟥叮咬加上汗水，当然让人看得触目惊心，一个小洞并没有什么危害，克服心理上的恐惧才是最重要的。

要造访雨林，我认为首先要克服气候问题。位于赤道上的婆罗洲热带雨林终年高温多雨，气温都在 25℃以上，不下雨时湿度大约为 75%，下雨过后可达 90%，用"湿乎乎"来形容这里，一点儿都不夸张，所以来到这里除了要小心中暑，还要能忍受身体大量排汗的不适。

很多人好奇，在婆罗洲雨林里，是不是会受到鳄鱼、大蟒蛇甚至猛兽的攻击？其实你大可不必担心，这些所谓的恐怖动物，这么多年来，我根本很少遇见过！婆罗洲热带雨林里，大危险不多，小麻烦一堆，蚊子就是狠角色之一，森林里饥饿的蚊子比猛兽还让人害怕！因为它们会咬得你全身红肿，让你痒得心浮气躁！另外，火蚁也是恐怖的生物之一，只要被它叮咬过，你就会了解什么叫作"锥心刺骨之痛"！不但痛，还会造成红肿，对蚁酸过敏的人，甚至会有致命的危险！很多伙伴告诉我，他们不害怕蚊子和火蚁，最害怕蚂蟥，其实，与前两者比起来，蚂蟥只是让人感到"恶心"而已，似乎没有蚊子和火蚁的伤害大！此外，有些螨类和刺蛾毛虫，也是要必须小心防范的，它们同样会让你又疼又痒！

这么多年来我都是在这样湿湿的、痒痒的环境中度过我的雨林生活的。若你要前往婆罗洲雨林，不用担心，只要你做好准备，带好防蚊液、防晒油以及防蚊虫咬的药膏，到达这里之后，保证你马上忘记那些烦人的家伙，因为让你惊奇的景色与生物实在太多太多啦！来到这神奇的土地上，即使全身总是一直湿湿痒痒，还是让人乐此不疲！

如果地球之肺消失了……

全球热带雨林的面积正以难以想象的速度大幅地缩减，被称为"亚洲氧气供应中心"的婆罗洲，更是逃不出砍伐与开发的命运。十多年观察下来，原始森林迅速地减少，取而代之的是经济价值高涨的油棕。在飞机上看这片土地，只能用"惨不忍睹"来形容，一大片一大片砍伐过后的林地上，种植着数也数不清的油棕树，那整齐划一的植物样貌，成了这里的新景观。从20世纪80年代开始，婆罗洲壮阔高耸的热带雨林，就在伐木业以及油棕工业的巨大利益诱惑下，开始饱受摧残，每天都有几个足球场大的原始森林遭到砍伐。大量种植的油棕，由果实所提炼出棕榈油的再制产品，已深入我们的日常生活，被广泛制成了食用油、化妆品、清洁用品等，几乎无所不在。

这片雨林虽然被喻为"基因宝库"，但人们对它的残酷破坏，却是一天都不曾减缓过。你我身上穿的、家里用的、嘴里吃的，所有东西都跟这片热带雨林有联系，严格地说，热带雨林遭到破坏，你我都有"贡献"。保护热带雨林不仅是为了保护雨林的物种与资源的可持续利用，其实也是为了我们人类自己的生存。如果不修正我们的生活形态以及对环境利用的思维，继续滥用自然资源，我们终将自食恶果。

在地球村的观念下，我们更要保护这片与我们息息相关的热带雨林，从自身做起，给予它更多的关怀与保护，这样地球万物才能生存下去。

为了取得油棕果，成千上万的原始雨林成了刀下亡魂。

【致谢】

从来也没想过，一次简单的雨林旅行，
会变成对雨林的迷恋与关怀，最后成为一本作品。
这中间历经十多年的过程，也让我拥有了生命中最美好的快乐时光。
感谢我的妈妈以及妹妹的支持与体谅，让我能无后顾之忧地记录雨林；
谢谢天下文化以及大树文化愿意出版我多年来的影像记录，
还要感谢中国国家地理·图书能够让本书的简体中文版再度出版，
让更多读者认识这片与我们息息相关的热带雨林。

这本书得以完成，
还要特别感谢以下朋友与协会的鼓励与协助：
陈愿先、陈愈惠、范钦慧、韩碧青、柯金源、林维明、刘春穆、彭永松、
吴嘉锟、吴咏驽、吴尊贤、奚志农、谢善心、谢盛财、杨维晟、游登良、
张蕙芬、张樱馨、郑生隆、郑杨耀、钟文钦
（依姓氏拼音顺序排列）

荒野保护协会（SOW）
马来西亚沙捞越荒野保护协会（Sarawak S.O.W）

感谢以下朋友提供相片数据：
安德烈娅·裘（Andrea Kiew）、徐基东、段世同

最后，谨以这本书向给予我指导的——
荒野自然生态摄影家 徐仁修先生 致敬。

【参考书目】

◎ 热带昆虫学／朱耀沂．欧阳盛芝合著／台湾博物馆印行

◎ 前进雨林／陈玉峰著／前卫出版社

◎ 拉汉英两栖爬行动物名称／科学出版社

◎ 两生爬行类图鉴／ Mark O'Shea & Tim Halliday 著 杨懿如审定／猫头鹰出版社

◎ 哺乳动物图鉴／ Juliet Clutton-Brock 编辑 黄小萍译 李玲玲审定／猫头鹰出版社

◎ NATIONAL GEOGRAPHIC 2001 年 1 月号／雨林滑翔客 专题

◎ NATIONAL GEOGRAPHIC 2008 年 12 月号／他不是达尔文 专题

◎ 探索人文地理 2010 年 2 月号／地球·雨林·我／徐仁修著

◎ 探索人文地理 2010 年 3 月号／你不认识的热带雨林／徐仁修著

◎ MALAYSIA 环境全记录 第 8．9．10．11．13．15 期

◎ A POCKET GUIDE TO THE BIRDS OF BORNEO by Charles M. Francis / The Sabah Society

◎ PHASMIDS Of PENINSULAR MALAYSIA AND SINGAPORE by Francis Seow-Choen /
   Natural History Publications（Borneo）

◎ A POCKET GUIDE AMPHIBIANS AND REPTILES OF BRUNEI by Indraneil Das /
   Natural History Publications（Borneo）

◎ A POCKET GUIDE: PITCHER PLANTS OF SARAWAK by Clarke and Lee /
   Natural History Publications（Borneo）

◎ A POCKET GUIDE: LIZARDS OF BORNEO by Indraneil Das /
   Natural History Publications（Borneo）

◎ A Field Guide to the FROGS of BORNEO by R.F Inger and R.B. Stuebing /
   Natural History Publications（Borneo）

◎ A Field Guide to the SNAKES of BORNEO by R. B. Stuebing and R.F Inger /
   Natural History Publications（Borneo）

◎ A FIELD GUIDE TO THE MAMMALS OF BORNEO by Payne Francis Phillipps / WWF

◎ RAFFLESIA OF THE WORLD by JAMILI NAIS / THE SABAH PARKS TRUSTEES

◎ PITCHER PLANTS OF BORNEO by Phillipps,Lamb and Lee /
   Natural History Publications（Borneo）

◎ THE ENCYCLOPEDIA OF MALAYSIA ANIMALS published by Yong Hoi Sen /
   ARCHIPELAGO PRESS

◎ WILD BORNEO by NICK GARBUTT and CEDE PRUDENTE NEW HOLLAND

◎ COLUGO :The Flying Lemur of South-East Asia by Norman Lim Draco Publishing
   and Distribution Pte Ltd and National University of Singapore

◎ PROBOSCIS MONKEYS OF BORNEO by E. L. Bennett & F. Gombek /
   Natural History Publications（Borneo）and KOKTAS SABAH BERHAD

中英文名索引

拉丁名索引

图书在版编目（CIP）数据

婆罗洲雨林野疯狂 = Amazing Rainforest of
Borneo / 黄一峰著. -- 北京：北京联合出版公司，
2017.8
　（自然野趣系列）
　ISBN 978-7-5596-0656-3

　Ⅰ. ①婆… Ⅱ. ①黄… Ⅲ. ①加里曼丹岛－普及读物
Ⅳ. ①P943.3-49

　中国版本图书馆CIP数据核字（2017）第162874号

本书由台湾远见天下文化出版股份有限公司授权出版，限中
国大陆地区发行。

婆罗洲雨林野疯狂

著　　　者：黄一峰
总 策 划：陈沂欢
策划编辑：乔　琦　程　曦
责任编辑：喻　静　孙志文　程　曦
营销编辑：李　苗
装帧设计：黄一峰　王喜华
制　　　版：北京美光设计制版有限公司

北京联合出版公司出版
（北京市西城区德外大街83号楼9层　100088）
北京联合天畅发行公司发行
北京利丰雅高长城印刷有限公司印刷　新华书店经销
字数：60千字　880毫米×1230毫米　1/32　印张：8.25
2017年8月第1版　2017年8月第1次印刷
ISBN 978-7-5596-0656-3
定价：78.00元

AMAZING RAINFOREST OF BORNEO

黄一峰◎录音制作

【婆罗洲雨林之声】

作者将其深入婆罗洲热带雨林
历时十二年的声音记录，
整理出 15 个最具代表性的片段，
让读者在阅读本书时更能声临其境，
感受置身于雨林之神奇。

婆罗洲雨林之声曲目：

01 雨林夜派对 Night Party   02 夜之雨林 Evening

03 胡琴螽斯小夜曲 Tettigonioidea

04 虫虫夜合唱 Various Noisy Insects（Night）

05 婆罗洲角蛙 Broneo Horned Frog   06 蛙的奏鸣曲 Singing of Frogs

07 长尾猴的对话 Long-tailed Macaque   08 长臂猿之歌 Gibbon

09 翘冠犀鸟 Rhinoceros Hornbill   10 钢盔冠犀鸟 Helmeted Hornbill

11 林间的歌声 Singing of Birds（Morning）

12 丛林鸟鸣 Singing of Birds   13 纯色树鹛晨歌 Sooty-capped Babbler

14 晨起蝉鸣 Empress Cicada（Morning）   15 黄昏暮蝉 Cicada（Gloaming）

扫描此二维码，即可聆听婆罗洲雨林之声。

AMAZING
RAINFOREST
OF BORNEO